UNION VINICOLE.

ASSEMBLÉE GÉNÉRALE

Délégués des Départements

COMPTE-RENDU.

BORDEAUX,
Imprimerie de GASSIOT et COMPAGNIE,
rue Arnaud-Miqueu, 19.

1844

UNION VINICOLE.

ASSEMBLÉE GÉNÉRALE

DES

Délégués des Départemens

TENUE A BORDEAUX

LES 14, 15 ET 16 SEPTEMBRE 1843.

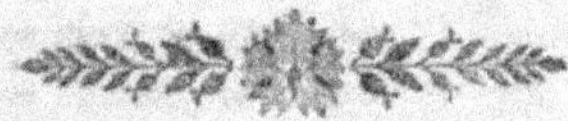

BORDEAUX,

Imprimerie de CASTILLON ET COMPAGNIE,

rue Arnaud-Miqueu, 3.

1843.

1844

UNION VINICOLE.

ASSEMBLÉE GÉNÉRALE

des

Délégués des Départemens

TENUE À BORDEAUX

LES 14, 15 ET 16 SEPTEMBRE 1843

BORDEAUX,

Imprimerie de Castillon et Coustillas,

rue Arnaud-Miqueu, 3.

1844

A MESSIEURS

Les Délégués à l'assemblée générale, les Membres des Comités vinicoles, les Propriétaires de vignes.

MESSIEURS,

L'assemblée générale de *l'Union Vinicole* a eu trop d'importance et trop de retentissement pour que le Comité central de la Gironde, qui l'avait provoquée, ne se fît un devoir de reproduire, par la voie de la presse, les décisions prises et les discussions qui les ont motivées.

L'année passée déjà, il avait résumé et publié les procès-verbaux de l'assemblée tenue au mois de décembre. Aujourd'hui il a cru devoir faire plus : il vous adresse le compte-rendu de vos dernières réunions dans toute leur étendue ; mieux étudiée et plus comprise, la cause des propriétaires de vignes ne peut que gagner à cette publication.

Cinq années de travaux soutenus, de constans efforts ont eu leur résultat : les discussions de la dernière session aux Chambres législatives ; les documens fournis par les divers Comités ; les études de la Commission vinicole formée au sein même de la Chambre des députés ; les publications de la presse parisienne avaient porté la question à l'ordre du jour, et préparé ces grandes réunions où, de presque tous nos départemens, sont venus tant d'hommes honorables, pairs, députés, publicistes, délégués et propriétaires.

Les points sur lesquels le Comité central se proposait d'appeler plus spécialement le débat, avaient été consciencieusement étudiés et résumés dans une suite de rapports que vous trouverez reproduits dans toute leur étendue; — ils doivent rester comme points lumineux destinés à éclairer toute discussion future.

Les débats que ces rapports ont soulevés leur ont donné force en les développant, et en produisant à la même tribune les objections que des intérêts rivaux ou mal compris n'ont pas manqué de soulever. La discussion a été libre, chacun a pu y apporter ses doutes et ses convictions, ses calculs et ses sympathies.

Au moyen d'un sténographe qui a suivi les débats, on a pu facilement reproduire tout ce qui s'est dit dans ces séances, où la dignité de la discussion a toujours été à la hauteur du sujet qui l'avait sollicitée. Ainsi, Messieurs, dans ce compte-rendu que nous vous adressons, vous retrouverez l'attaque et la défense, chacune avec les armes qui leur ont servi, chacune avec cette physionomie personnelle, permettez-nous l'expression qui les a caractérisées pendant ces trois jours.

Le comité central avait préparé l'ordre dans lequel les rapports qu'il avait à soumettre à l'assemblée devaient être discutés, désirant, dans l'intérêt de la discussion, établir entre tous un esprit d'ensemble qui pût les rattacher les uns aux autres. A l'exception de la discussion du rapport sur les douanes, que l'assemblée a reportée à la dernière séance, tous ont été présentés dans l'ordre qu'on leur avait fixé.

Devant cette imposante assemblée, au milieu de ces débats remarquables, profonds, animés par fois, la question vinicole ne s'est pas amoindrie. Dégagée, pour la première fois peut-être, de tout intérêt exclusif de localité, de tout esprit individuel, de toute préoccupation ou tendance politique, elle a été traitée dans toute son étendue, on peut dire dans toute sa grandeur. Tous les intérêts qui s'y rattachent ont reçu satisfaction. Les producteurs de vin de consommation intérieure, par les résolutions prises relativement au système des contributions indirectes si injustes, si vexatoires, si peu en harmonie avec nos institutions politiques, et celui des octrois si exagéré par ses tarifs et ses surtaxe. Les producteurs des vins d'exportation, par les résolutions prises au sujet de notre régime de douanes, qui, par une déplorable réciprocité de tarifs des nations étrangères, leur ferment toutes les voies commerciales. Le commerce, cet élément de fortune, qui se rattache de si près à la prospérité vinicole, soit qu'il opère dans l'intérieur, soit qu'il étende sa spéculation à l'étranger, y a trouvé une large part.

Enfin, dans l'intérêt de tous, et de l'agriculture en général, l'assemblée a voté les conclusions de divers rapports portant demande à l'État: de création de banques agricoles qui aideraient la propriété à sortir des mains de l'usure, et à se développer dans sa production; — de l'établissement de routes, chemins de fer, canaux, voies de communication, qui faciliteraient les transports des produits, et augmenteraient les rapports et les consommations.

Toutes ces grandes questions qui embrassent à la fois notre organisation financière, agricole, industrielle et politique, ont reçu une solution dans l'adoption des conclusions des rapports soumis à l'assemblée et discutés dans l'ordre suivant:

PREMIÈRE SÉANCE. — *14 septembre.*

Discours d'ouverture du président du Comité central, expliquant à l'assemblée les motifs de cette réunion importante, et les sujets à soumettre à ses délibérations.

Compte-rendu, par le secrétaire-général, des faits accomplis depuis la dernière assemblée générale, et de la situation actuelle de la question.

Convenance de remercier MM. les Députés qui composent le Comité vinicole à la Chambre, sur leurs travaux; utilité de les engager à y persister.

Demande au Gouvernement de faire participer les départemens vinicoles, dans la même proportion que les autres, aux avantages résultant de la création de canaux, chemins de fer et autres voies de communication.

DEUXIÈME SÉANCE. — *15 septembre.*

Demande au Gouvernement en suppression des contributions indirectes sur les boissons, et, dans le cas d'impossibilité, leur extension à tous les produits du sol et de l'industrie.

Demande en suppression des tarifs d'octroi sur les vins et les alcools par réduction progressive, et suppression immédiate des surtaxes.

Résolution électorale prise sur la proposition de plusieurs membres de l'assemblée.

TROISIÈME SÉANCE. — *16 septembre.*

Demande au Gouvernement en réduction de nos tarifs douaniers; traités de commerce avec les nations étrangères.

Demande de création de banques territoriales pour venir en aide à l'agriculture en général.

IV

Nécessité d'établir des relations suivies avec la presse centrale dans l'intérêt de la discussion de la question vinicole.

Utilité de l'organisation de comités vinicoles dans les départemens.

Question financière ; concours des communes; droit de répartition.

Demande d'un sursis d'impôt pour les propriétaires qui n'ont pas vendu leur vin (proposition personnelle d'un membre du bureau).

Tel est le sommaire des travaux de cette session de trois jours.

C'est dans cette pensée, Messieurs, que j'ai l'honneur de vous adresser ce Compte-rendu.

Pour plusieurs d'entre vous, ils ont un intérêt d'actualité qui s'attache à toute question d'économie politique ;

Pour beaucoup, ils touchent à la fortune, aux souvenirs, aux espérances, aux intérêts les plus chers;

Pour tous, enfin, ils resteront comme documens à consulter et sujets de méditations.

Car les hommes, quelle que soit d'ailleurs leur position, aiment à se rappeler tout ce qui a eu un caractère d'intérêt général et de grandeur, ceux surtout qui y ont pris quelque part.

Le secrétaire-général du Comité vinicole central de la Gironde,

F. PÉLISSIER.

Bordeaux, le 1er décembre 1843.

UNION VINICOLE.

ASSEMBLÉE GÉNÉRALE.

Séance du 14 septembre 1843.

Prennent place au bureau : MM. A. DU PÉRIER DE LARSAN, *président* ; BOUCHEREAU ; DE LA MYRE-MORY ; E. DE BRYAS ; BRUNET ; VASTAPANI ; CASTÉJA ; PROMIS ; VERGEZ ; PÉLISSIER , *secrétaire général.*

On remarque dans l'assemblée, MM. le duc DE COSSÉ-BRISSAC , le comte D'ALTON-SHÉE, etc... Pairs de France; MM. BILLAUDEL , DUCOS , HERVÉ , ROUL, députés de la Gironde; MM. DEZEIMERIS, député de la Dordogne; le baron LEMERCIER, député de la Charente, etc., etc.

Des places sont réservées aux journalistes, parmi lesquels se trouvent plusieurs représentans de la presse parisienne : MM. Granier de Cassagnac, rédacteur en chef du *Globe* ; Rocheford de Peyssonnel, rédacteur principal de l'*État* ; Lubis, de la *France*, Vergniaud, du *Courrier Français*, etc.

L'assemblée est très-nombreuse.

Sont présens les délégués de départemens, dont les noms suivent :

Aude. — MM. FAURE (hipp.) , le comte d'EXÉA, de Narbonne.

Charente et Charente-Inférieure. — MM. GARNIER, GOUT-DESMAR-TRES, DUMORISSON, le comte DE MONTIGNY, FAVEREAU.

Côte-d'Or. — M. MAREY-MONGE.

Dordogne. — MM. DE COURSOU, TRINCAU DE LA TOUR.

Gers. — MM. DE LAVERGNE, H. DUFFAU, J. DE MINVIELLE, de Montréal ; GOUNON jeune, LARROQUE, TACHOUZIN, DUBOSC-PESQUI-DOUX, de Eauze ; DUBOSC DE PEYRAN, de Nogaro ; DURREY ; CANAU ; JORET ; DE LASSALLE.

Hérault. — MM. DE PEYSSONNEL, de Montpellier ; BUSCAILLON, de Béziers.

Lot. — MM. BERTON (Michel), FOISSAC, D. M., DE FOLMONT (Chevalier), SAUNHAC-DUFOSSAT.

Lot-et-Garonne. — MM. AMBERT, président du Comice agricole de Nérac ; NINON, GIMET, de Nérac ; G. DE COLOMBET, de Marmande ; BETZMAN ; DUMESJEAN ; ESPAGNET.

Maine-et-Loire. — M. POUJARD'HIEU.

Puy-de-Dôme. — M. CONSTANT.

Basses-Pyrénées. — M. MIAILHE.

164 Communes de la Gironde sont représentées par leurs délégués au nombre de plus de quatre cent cinquante.

Tous les regards se portent sur le fauteuil de la présidence que devait occuper M. Mauguin, président de la commission vinicole formée dans le sein de la chambre des députés, à Paris ; son absence cause un vif désappointement.

A une heure, *M. du Périer de Larsan*, président, déclare la séance ouverte.

M. Pélissier, secrétaire général, à la parole pour donner communication de la correspondance du Comité central.

LETTRES DE MONSIEUR MAUGUIN,

Député de la Côte-d'Or.

Paris, 6 juin 1843.

MESSIEURS,

J'accepte avec empressement et reconnaissance l'invitation que vous voulez bien m'adresser d'aller, à l'issue de la session, présider une de vos grandes réunions vinicoles. Nous avons, vous et moi, entrepris une tâche difficile, celle d'obtenir enfin justice pour une des principales productions de l'agriculture française. Nous aurons des préventions, même des inimitiés à combattre. Mais nous réussirons, si nous savons nous armer de persévérance et profiter des ressources que nous assurent le mouvement et les formes du Gouvernement constitutionnel.

J'ai vu avec plaisir que vous approuviez la marche que j'ai adoptée de ne point séparer l'intérêt vinicole de la grande cause de la propriété foncière. Les propriétaires de vignes réclamant pour eux seuls paraîtraient obéir à un étroit égoïsme. Mais, qu'ils étendent leurs réclamations et leurs plaintes, la propriété toute entière souffre comme eux; qu'ils prennent sa défense, et poursuivent en son nom et au leur la réforme d'un système financier qui la détruit et l'écrase; leur cause, ainsi agrandie, deviendra celle de la France.

Pour la France, en effet, la propriété est le premier, le plus important des intérêts.

Votre lettre, Messieurs, est une des plus flatteuses récompenses que j'ai reçu de mes travaux; veuillez en recevoir mes remerciemens, et agréer la haute considération avec laquelle j'ai l'honneur d'être,

Votre très-humble et obéissant serviteur,

MAUGUIN, député de la Côte-d'Or.

A Monsieur le Secrétaire du Comité vinicole central
de la Gironde.

Paris, 13 août.

MONSIEUR,

La fixation de notre congrès pour le milieu de septembre a dérangé tous mes projets pour ces vacances. Mais ce n'était là qu'un intérêt personnel fort médiocre, et j'en ai fait volontiers le sacrifice à l'intérêt autrement grave de donner à la réunion une grande importance. La cause vinicole a besoin d'une forte impulsion, et plus elle attaquera de près les lois de finances, plus les difficultés s'augmenteront. Il nous faudra beaucoup de persévérance pour triompher à la fois de la routine des bureaux et de la résistance des grands manufacturiers. J'espère, cependant, que la réunion de Bordeaux fera faire un grand pas à des réformes vraiment utiles, et avertira l'opinion qu'il est tems de s'occuper du malaise de notre état social.

Je m'arrangerai pour être à Bordeaux vers le 9 ou le 10 septembre. Je crois qu'il sera utile de nous entendre à l'avance sur la direction à donner, afin que la réunion ne soit pas stérile.

Voulez-vous, Monsieur, agréer l'assurance de ma considération très-distinguée,

MAUGUIN, député de la Côte-d'Or.

Nismes, 7 septembre 1843.[1]

MESSIEURS;

Des intérêts graves qui m'appellent en Espagne, ne me permettent pas d'assister à la réunion vinicole. Lorsque je reçus votre lettre qui me proposait l'époque des 14, 15 et 16 septembre, j'écrivis sur le champ à Madrid, pour savoir si je ne pourrais, sans trop d'inconvéniens, retarder mon voyage. J'espérais des réponses conformes à mes désirs. On m'a écrit au contraire que le moindre ajournement me serait préjudiciable, et il s'agit pour moi d'intérêts trop sérieux pour que j'ose les compromettre.

Je n'ai pas besoin de vous parler de mes regrets; vous les concevez parfaitement. Heureusement mon absence ne sau-

[1] Cette lettre, datée du 7, n'est parvenue à Bordeaux que le 13.

rait influer sur les résultats importans qui doivent sortir de votre réunion. Elle compte dans son sein tant d'esprits distingués, qu'ils sauront lui imprimer une marche à la fois décidée et prudente. Les intérêts vinicoles ont à vaincre tant et de si puissans obstacles, que, tout en ayant pour eux la justice, ils ne sauraient triompher s'ils n'ont en même tems résolution, persévérance et sagesse.

Il me restera, Messieurs, pour la session, un plus grand devoir à remplir, celui de prouver par de nouveaux efforts que je méritais la confiance dont vous avez bien voulu m'honorer, je n'y manquerais pas, vous me retrouverez sur la brèche ; et j'espère qu'en continuant d'agir de concert, nous obtiendrons des réparations trop long-tems ajournées.

Veuillez, Messieurs, faire agréer à la réunion toute entière, non-seulement mes regrets, mes excuses, mais l'hommage de mon dévoûment et de mon plus profond respect.

Votre très-humble, etc.

MAUGUIN, député de la Côte-d'Or.

M. le Président : Messieurs, je partage le regret qu'éprouve l'assemblée de ne pas voir à ma place, l'honorable M. Mauguin qui devait nous présider ; nous allons néamoins continuer nos travaux.

Le Secrétaire : Au nombre des pairs de France et des députés qui s'excusent de ne pouvoir assister aux séances de l'assemblée, mais qui déclarent s'associer à ses travaux et à ses espérances, sont : MM. le comte DE MOSBOURG, pair de France; le duc DECAZES, idem; BERRYER, député des Bouches du Rhône ; DE SURIAN, idem ; Baron DE CHASSIRON, de la Charente-Inférieure; RIVET, de la Corrèze ; CLÉMENT, du Doubs ; J. PERSIL, du Gers ; Marquis DE LAGRANGE, H. GALOS, DE LASSALE, FEUILHADE-CHAUVIN, de la Gironde ; FLORET, VIGER, de l'Hérault; DALLOZ, du Jura ; lieutenant-général baron DURRIEU, des Landes ; LAURENCE, des Landes ; CAYX, du Lot ; HOUZEAU-MUIRON, de la Marne ; DESSAIGNE, du Puy-de-Dôme ; CHEGARAY, LIANDRES, des Basses-Pyrénées ; TERME, du Rhône ; LAMARTINE, de la Saône-et-Loire ; BILLAULT, MARIE, de la Seine ; DARBLAY, de la Seine-et-Oise ; BOMMES, de l'Yonne, etc., etc.

M. *le Président* prend la parole au milieu du plus profond silence.

« Messieurs,

» Pourquoi cette assemblée imposante, j'oserai presque dire cette tenue d'états provinciaux, où se trouvent représentés les intérêts agricoles, industriels et commerciaux de si nombreux départemens? Pourquoi ces honorables députés, jaloux de s'inspirer de nos délibérations, dont la parole, ailleurs, est pour nous une force, dont la présence ici est déjà un appui?

» Serait-il vrai que l'intérêt purement matériel de l'industrie vinicole en souffrance ait exclusivement provoqué ce concours?

» Dans les débats qui vont s'ouvrir, s'agirait-il *seulement* d'une étroite question de profits et pertes pour les propriétaires de vignes?

» Enfin, comme on l'a répété si souvent, sous le couvert des réclamations générales de la propriété vinicole en France, la fortune des vins fins de la Gironde serait-elle seule véritablement engagée, véritablement compromise, et le secret de cette émotion publique, dont vous êtes en ce moment l'expression élevée à une haute puissance, serait-elle tout simplement la décadence particulière du vignoble bordelais?

» J'ai hâte, Messieurs, de rétablir les termes du débat au niveau du sujet qui préoccupe si légitimement vos esprits, et de restituer aux élémens de votre discussion les proportions qu'un aveuglement intéressé ou des calculs plus perfides que justes s'efforcent à l'envi de leur ôter.

» Sans doute, si une industrie féconde et nationale inclinait naturellement vers sa ruine; si une province autrefois florissante, et conquise à ce beau royaume au prix de longues et sanglantes luttes, se rencontrait seule comme un obstacle à la loi commune, et si sa prospérité devenait un sacrifice nécessaire à la prospérité de l'État, ce serait encore là, Messieurs, un sujet grave d'examen, et digne de fixer l'attention des hommes publics.

» Mais telle n'est pas, heureusement, la véritable situation des choses.

» Vainement on voudrait le méconnaître ou le nier, le débat est autrement élevé, autrement important.

» Les propriétaires de vignes de France défendent sans doute leur industrie contre la ruine qui l'envahit, mais surtout ils accusent les lois exceptionnelles d'impôt, et le régime partial de douanes, qui, en violation de leurs droits à une égale protection, aux uns, et c'est leur lot, ont départi le malaise et les charges, aux autres la fortune et les faveurs.

» Pour eux, ce n'est pas seulement d'un fait économique ou fiscal qu'il s'agit, mais d'un fait de droit et d'équité nationale : s'ils se plaignent à titre d'industriels, c'est aussi, et plus énergiquement encore, à titre de citoyens ; car ils ne réclament pas, après tout, cette prospérité que chacun doit gagner à la sueur de son front, à ses risques et périls, mais la liberté, l'égalité, ce patrimoine de tous garanti par le pacte fondamental, et dont ils sont violemment exhérédés.

» Agricoles et industriels à la fois, c'est la question agricole et manufacturière que nous soulevons. C'est la prépondérance d'un industrialisme impuissant et factice, sur les intérêts légitimes de l'agriculture, que nous attaquons. Ce sont les droits naturels du travail et d'une sage concurrence que nous revendiquons ; c'est le commerce international, maritime et civilisateur dont nous voulons ranimer l'espoir presque éteint. — Au point de vue des impôts exceptionnels et vexatoires, c'est une réforme intelligente, libérale que nous réclamons ; et dans cette double lutte que vous poursuivez, Messieurs, le ressort moral, intime, dont la force vous inspire et vous fera dominer tous les obstacles, en même tems qu'il ennoblit vos efforts, c'est ce grand mouvement de 89, accompli dans l'ordre moral, incomplet dans l'ordre des intérêts matériels; c'est cet instinct impérieux *du droit* qui vous pousse victorieusement contre toutes les dominations de la force et du privilége.

» En effet, nous venons dire au pays et à son gouvernement:

» Le système économique de votre législation douanière est contraire aux véritables conditions du travail national, aux intérêts de l'agriculture générale, destructif de la prospérité spéciale de l'industrie vinicole, attentatoire à la force maritime et commerciale de la France.

» L'organisation de vos impôts indirects sur les boissons et les octrois est le dernier débris de la barbarie fiscale du moyen-âge. C'est une monstruosité intolérable, en face de la constitution que deux révolutions ont eu pour but de conquérir et de maintenir.

» La France, pays essentiellement agricole, et accessoirement, artificiellement manufacturier, exportateur des produits surabondans de son sol, réclamait une législation économique à double vue, donnant à la fois satisfaction, d'une part, aux justes exigences de son agriculture expansive, et d'autre part, protection, toujours transitoire et sagement mesurée, aux industries indigènes, contre la lutte inégale ou prématurée de la concurrence étrangère.

» Baigné par deux immenses mers, avec cinq cents lieues de côtes, doté de beaux et riches havres, la nature avait fait de ce royaume une puissance maritime de premier ordre, et la variété comme l'excellence de ses produits, le génie entreprenant de ses habitants, ouvraient à notre marine marchande des rapports avec le monde entier.— Avec quel soin un gouvernement, jaloux de développer ces élemens de richesse et de puissance publiques, n'aurait-il pas dû favoriser et accroître notre mouvement de relations internationales !

» Avant 1789, les intérêts divers de nos provinces étaient

régis par une législation très-inégale , il est vrai ; mais cette inégalité même était protectrice de cette diversité d'intérêts ; — les droits de traites ou de douanes n'avaient point cours dans tout le royaume , et si l'unité de la législation a dû être un progrès, c'était à la condition d'une juste pondération des intérêts existans.

» Loin de là, depuis le grand œuvre de la centralisation et de l'unité législative, le système des douanes, le régime des impôts indirects ont été exclusivement combinés au profit de l'industrie manufacturière, en haine des intérêts agricoles généraux ; mais, surtout, tant à l'extérieur qu'à l'intérieur, avec le plus complet oubli , avec la plus entière méconnaissance des intérêts vinicoles de ce pays.

» Le tarif des douanes, autrefois considéré comme une branche féconde du revenu public, n'a plus été, dans les mains du pouvoir central, qu'un levier de protection pour les uns , d'oppression et de spoliation pour les autres.

» Les droits à l'importation des produits exotiques qui, en Angleterre, forment la principale base des ressources financières du trésor public, et qui pouvaient en France, avec 32 millions de consommateurs , fournir une si large part aux nécessités toujours croissantes du budget, ne sont en réalité chez nous qu'une prime offerte à l'inertie , à l'incapacité de nos fabricans, et un obstacle au développement progressif des industries naturelles, vivaces et acclimatées.

» Vous connaissez le secret de la réaction de ces tarifs, aveuglément protecteurs ou prohibitifs , sur les tarifs de l'étranger. Je n'ai pas à vous en parler ici.

» Mais de là, Messieurs, la nécessité pour l'État de demander au sol, sous toutes les formes, à tous les titres, cette longue série de tributs sous lesquels le pays entier succombe. — De là, l'exorbitance des contributions directes ou indirectes, qui pèsent si lourdement sur le domaine agricole.

» Et dans ce chiffre connu d'un budget accablant , on n'a

jamais compris le chiffre énorme des bénéfices usuraires que nous payons à l'industrie protégée, par l'achat forcé des produits qu'elle nous vend sur un marché clos et fermé à toute concurrence étrangère.

» La législation fiscale et centrale a-t-elle été plus juste, plus équitable dans l'assiette de ses taxes intérieures ?

» Avant 1789, encore, la plupart des provinces du Midi étaient affranchies des *droits d'aides*, qui frappaient alors les bois, les fers, les cuirs, les papiers, les draps et tissus, ainsi que les boissons. — Les octrois présentaient de larges exceptions dans les villes fermées, et ces priviléges en tempéraient la rigueur.

» La Constituante, en abolissant tous ces droits, donna satisfaction aux vœux de la nation, depuis long-tems exprimés par la voix de ses parlemons, et renouvelés avec une énergique unanimité dans les cahiers de tous les baillages de cette époque.

» Le rétablissement des *droits d'aides*, sous le nom mal déguisé de *droits réunis* et de *contributions indirectes*, tant est qu'il fût nécessaire, ne devait-il pas au moins comprendre tous les produits qui en étaient précédemment atteints ?

» Non, il était un produit que la législation douanière affectait déjà profondément dans ses moyens d'exportation, et auquel il semble que les débouchés intérieurs devaient être plus spécialement et soigneusement réservés ; mais il était aussi éminemment imposable, saisissable ; il était agricole : il ne pouvait échapper à la préférence fiscale de nos financiers industriels, et la législation de 1816 est devenue le code noir des propriétaires de vignes.

» L'économie fatale de ces contributions vous est connue ; nous ne pouvons que répéter le jugement qu'en a porté l'éloquent et vertueux Malesherbes dans ses remontrances au roi Louis XVI :

» Ces droits, les plus désastreux de tous ceux que supporte

» la nation, avec tous les accessoires oppresseurs que le gé-
» nie fiscal y a joints, sont si multipliés, que la plupart de
» ceux qui les acquittent n'en connaissent ni le nom, ni l'é-
» tendue ; impôt qui engloutit en frais de perception des som-
» mes énormes ; qui emploie une infinité de sujets qui se-
» raient précieux à l'État et qui sont perdus pour lui ; impôt
» qui entretient au sein de la paix, au milieu des citoyens,
» une armée ennemie ; impôt enfin qui, par ses entraves et
« ses extorsions arbitraires et vexatoires, fait le supplice du
» peuple. »

» C'est le midi de la France plus particulièrement qui reçut le contre-coup de ces combinaisons douanières ou fiscales.

» C'est le nord de la France qui profite et prospère de ce
qui fait notre ruine. C'est dans le Nord que se dressent ces
tarifs d'octroi, véritables barrières intérieures où nos produits
vinicoles sont frappés de taxes et surtaxes prohibitives, tandis
que les objets manufacturés circulent librement et en fran-
chise de toute espèce de droits. — Le gouvernement donne
ainsi l'exemple à l'Europe d'un régime de douanes intérieures
hostiles à nos produits, quand il prétend négocier, pour notre
compte, avec les puissances étrangères, des traités de commerce et des modifications de tarifs aux frontières.

» Ainsi se fomentent et se développent ces germes funestes d'antagonisme, que depuis long-tems nous avons signalés.
— Ainsi se révèle cette lutte du Nord et du Midi, aujour-
d'hui flagrante à tous les yeux.

» Décadence du commerce extérieur et maritime ;

» Perte de nos débouchés dans le nord de l'Europe ;

» Abandon des intérêts coloniaux, dernier aliment de notre navigation affaiblie ;

» Détresse de nos ports de mer ;

» Tel est, à grands traits, le sombre tableau que présente
le midi de la France, se débattant, osons le dire avec douleur,
sous les dernières étreintes de la conquête.

» Appelés les derniers à prendre notre faible part dans la distribution des voies de communication dont le Nord est depuis long-tems largement doté, pense-t-on, par ces tardives concessions, nous relever de l'infériorité où nous sommes descendus?

» Les améliorations dans les voies de transport sont un bienfait sans doute, et nous les solliciterons; mais le véhicule le plus actif de nos denrées, c'est la *demande*, c'est le débouché, et si les grands centres de consommation sont fermés par la double chaîne des impôts indirects, si des entraves de toute espèce gênent la circulation de nos produits, nous attendrions vainement de l'établissement des canaux et des chemins de fer les merveilleux et salutaires effets qu'on nous fait entrevoir.

» Ces griefs, qu'une portion notable du pays fait entendre, et que vous devez formuler aujourd'hui avec une imposante unanimité, il y a vingt ans que des voix isolées les ont inutilement exposés à tous les gouvernemens, et les efforts tentés n'ont pas obtenu le succès digne d'une si juste cause.

» Mais les agriculteurs, dispersés et privés d'organes légalement constitués pour leur défense spéciale, sans action sur le pouvoir, que l'opinion dirige si souvent, restaient désarmés en présence de la ligue puissamment organisée des industriels, concentrés au siége du Gouvernement.

» Les questions de réforme financière étaient à peine étudiées et fort peu comprises.

» Les choses, à ce point de vue, n'ont-elles donc pas changé? n'avons-nous pas fait un progrès? et l'avenir ne nous offre-t-il rien de plus que le *néant* du passé?

» Ayez confiance, Messieurs; votre isolement est une difficulté vaincue; l'*Union vinicole*, constituée l'année dernière, ramifie, se propage; de toutes parts des adhésions nous arrivent. Vous avez envoyé des délégués à Paris, et le comité central de la capitale a pénétré le pouvoir et les Chambres, par des rapports fréquens et soutenus de la nécessité de mettre un terme à la situation.

» Le roi a ordonné à ses ministres d'étudier des questions qui ont obtenu ses augustes sympathies.

» Une commission vinicole de députés s'est organisée au sein de la chambre ; jamais aussi heureuse coalition ne s'était réalisée, et tous nous autorise à concevoir l'espérance des meilleurs résultats de cette puissante intervention parlementaire.

» La presse centrale, qui jusqu'à ces derniers temps était demeurée indifférente à nos insterêts, adopte leur défense et nous offre son concours. — L'opinion se préoccupe de nos questions. Ces faits, Messieurs, pour n'être pas des succès complets, sont toutefois des présages favorables dont il faut tenir compte. — Les grandes réformes ne s'imposent pas, et, pour êtro accomplies, une gestation longue et laborieuse leur est imposée. — Il faut que votre patience accepte ces conditions des choses humaines et s'y dévoue.

» Après avoir dénoncé les vices de notre système protecteur et du système des contributions indirectes et d'octrois, qui, par leur double influence, accablent l'agriculture générale, le commerce, et l'industrie vinicole plus spécialement encore, unissons nos efforts pour en obtenir la réforme.

» Mais gardons-nous bien, Messieurs, de la dangereuse tentation d'usurper sur le pouvoir et la législature le privilége dont la constitution les investit de proposer et de faire des lois.

» Les projets de modifications, les modes de remplacement d'impôt, ne manqueront pas dès que le gouvernement *voudra* les faire rechercher et en ordonnera l'élaboration. Lui seul en a les moyens, à lui seul en incombe le devoir et la responsabilité : ne lui dérobons pas l'heureux droit qu'il a de faire le bien du pays.

» Le gouvernement et les Chambres, ces pouvoirs, ont faits des lois qui nous oppriment : ces pouvoirs sauront les réformer.

» Créons pour eux la nécessité de faire. — C'est là notre lot. — Que l'Union vinicole déploie toute sa puissance d'action dans le cercle légal qu'il lui est donné de parcourir, et qui est encore assez vaste. Que les députés du Midi et des départemens vinicoles, qui peuvent faire la majorité de la Chambre, comprennent enfin que le jour est venu de quitter la sphère incertaine de la politique pour entrer dans le domaine plus positif des intérêts matériels; qu'il s'agit de la fortune territoriale de la France, de son agriculture, de son commerce maritime, de l'existence enfin d'une industrie qui nourrit six millions de Français.

» Nous le savons, Messieurs, les ministres attendent des chambres l'impulsion; les chambres attendent du ministère l'initiative, — et, dans ces conditions réciproques, rien ne se tente, rien ne se fait.

» Mais, il faut le reconnaître, le pouvoir c'est l'action constituée dans le gouvernement; c'est au pouvoir d'agir; c'est à l'éclairer et à déterminer sa volonté que nous devons tendre d'un commun accord.

» Un ministre du roi, Messieurs, a laissé tomber cette parole, qui s'adressait à nous : *Soyez forts, et je vous appuierai,* avertissement profond et salutaire qui doit profiter à tous. Disons-le donc hautement, pourquoi nos mandataires, auxquels nous la confions cette parole, et qui l'ont eux-mêmes entendue, ne choisiraient-ils pas une de ces occasions qui se présentent si souvent dans nos luttes parlementaires, pour tenir au ministère lui-même ce langage décisif? « Vous avez
» dit à nos concitoyens, victimes d'une législation oppressive,
» exceptionnelle : *Soyez forts, et je vous appuierai.* Eh bien à
» notre tour, mandataires dévoués, convaincus des griefs que

» nous signalons vainement à votre sollicitude , nous venons
» vous dire dans toute la sincérité de notre conscience ferme
» et résolue : « Soyez justes, et nous vous *appuierons!* »

Ce discours a été accueilli par d'unanimes applaudissemens.

La séance reste un instant suspendue.

La parole est donnée à M. Pélissier, *secrétaire général*, pour lire
un rapport sur les travaux du Comité.

Un gouvernement qui veut s'occuper sérieusement des
intérêts qui lui sont confiés, ne saurait voir avec déplai-
sir ces grandes réunions où les citoyens viennent apporter et mettre en commun leurs vœux et leurs espérances,
leurs griefs et leurs besoins. Lorsque les institutions ne sont
pas solidement assises, il est possible qu'il y ait quelque inconvénient à ces discussions publiques; mais aujourd'hui
que des années sont passées sur les faits qui ont produit
pouvoir; que les haines et les passions se sont refroidies
sous le tems auquel rien ne résiste, chacun, lassé enfin de luttes stériles, est rentré dans les limites plus vraies et plus
étendues des intérêts matériels, pour s'occuper de ses propres affaires.

C'est là qu'est et que sera long-tems la grande question qui
agitera les hommes jusqu'à ce que la civilisation, descendant
par degrés du sommet de l'édifice social jusque dans ses bases, y aura déposé principes d'ordre, de dévoûment et de
raison qui seront un jour le lien de toutes les industries entre
elles.

Mais jusqu'à ces tems, qu'il nous sera peut-être permis
d'entrevoir, nous devons, sans nous décourager, apporter à
l'œuvre notre tribut de force et de persévérance, et préparer
l'avenir en améliorant le présent.

L'intérêt qui nous réunit dans ce moment, Messieurs, est
celui d'une bonne partie de la France. Grand , national au-
dessus de tout, il touche à toutes les questions qui font la
richesse et la force de l'Etat.

Peut-être est-ce même à ces causes de vie qu'il a dû d'abord les rigueurs dont il est frappé, et qui en font, à l'intérieur, l'objet tout spécial d'une législation exceptionnelle, et à l'extérieur, le représentant malheureux de la richesse nationale, voué aux représailles de l'étranger soulevées par notre système de douanes.

Aussi les plaintes des propriétaires datent de loin. Si l'on en recherchait les traces en remontant le passé, on les trouverait aussi nombreuses que vives ; car, il faut le reconnaître, à toute époque ils ont eu le triste privilége de fournir abondamment aux dépenses des gouvernans. Mais enfin, si on leur donnait alors de mauvais jours, reconnaissons que l'on comprenait qu'il ne fallait pas les écraser complétement ; c'était la mine abondante qu'on voulait exploiter sans l'épuiser. Plus prudents, plus politiques peut-être qu'on ne l'est aujourd'hui, on amoindrissait le fardeau sous lequel on les voyaient près de succomber. Nos parlemens leur vinrent parfois en aide ; la révolution les replaça dans le droit commun ; l'empire leur accorda un prêt de plusieurs millions ; le gouvernement de juillet consentit une diminution de charges ; vaines et insignifiantes concessions, dues plus encore à des circonstances impérieuses qu'à un esprit d'équité.

La question vinicole était donc la même qu'autrefois ; les mêmes charges pesaient sur les producteurs, et à mesure que les populations entraient plus avant dans les voies de liberté qu'ouvraient le régime constitutionnel, la consommation se resserra de jour en jour en présence d'un système d'impôts et de douanes, qui n'était plus en harmonie avec les mœurs.

C'est alors que des propriétaires de vignes, frappés cruellement dans le présent, menacés plus fatalement encore dans un avenir prochain, formèrent un comité pour s'occuper de leur cause si malheureuse et si abandonnée.

Je ne rappellerai pas ici, Messieurs, les efforts tentés à différentes époques, notamment en 1827, 28 et 29. Quant à ce qui a été fait depuis quatre ans, vous le savez, car le Comité a usé de tous les moyens de publicité pour vous faire part de ses travaux. Qu'il me soit permis de reprendre les choses au point où vous les avez laissées au mois de décembre 1842, après l'assemblée générale, où fut discuté et signé l'acte *d'union*, qui doit, en s'étendant, faire notre force au milieu de tant d'intérêts rivaux, et rendre toute sa liberté d'action au pouvoir, qui se plaint d'être retenu dans ses sympathies pour nous.

Le dernier acte de votre assemblée générale fut la nomination, par voie d'élection, des cinquante membres qui devaient composer la commission à laquelle vous remettiez le soin de vos intérêts, lui laissant toute liberté pour former son bureau, et pour s'adjoindre cinquante autres membres, pris dans le département. Après avoir procédé à la nomination de son bureau, le Comité a cru ne pouvoir mieux remplir vos intentions qu'en portant ses choix, d'abord sur les hommes qui, le jour des élections de la commission, avaient obtenu le plus de suffrages, et ensuite sur les propriétaires et négocians les mieux disposés à seconder ses efforts.

Immédiatement après sa complète organisation, le Comité s'est occupé de la publication d'un compte-rendu des séances de vos assemblées générales du mois de décembre. Ce travail, résumé des procès-verbaux des discussions soulevées sur les questions qui vous furent soumises, ainsi que de celles qui eurent lieu entre le Comité et les délégués des départemens, relativement à l'identité d'intérêts des divers pays producteurs, est l'exposé complet de cette première et heureuse tentative qui doit enfin donner à nos réclamations une force d'ensemble, qui, jusqu'à ce jour, leur avait manqué ; car, ne l'oublions pas, c'est pour avoir, à l'inverse de toutes les autres industries, agi isolément et sans suite, que tous nos efforts sont restés sans effet.

Ce compte-rendu a été envoyé à tous les Comités organisés en France, aux délégués qui avaient assisté à ces grandes réunions, aux membres des deux Chambres, à tous les hommes enfin qui prennent quelque intérêt aux questions qui se rattachent à la richesse et à l'avenir du pays. Nous pensons, Messieurs, que ceux qui ont pris part à ces débats, ont retrouvé dans leur reproduction une image fidèle de ce qui s'y est passé, et que ceux à qui il a révélé nos efforts pour nous replacer dans le droit commun, y ont vu l'expression énergique mais légale de nos souffrances et des injustices qui les causent.

En même tems qu'il s'occupait de ce compte-rendu, et pour répondre encore au vœu que vous lui aviez exprimé, le Comité choisissait cinq délégués qui devaient se rendre immédiatement à Paris, pour remettre au Roi, en votre nom, l'adresse que vous aviez votée, comme l'expression de nos malheurs et de nos espérances. L'accueil le plus bienveillant fut fait aux hommes chargés de cette mission, et vous avez encore présentes, sans doute, les paroles que Sa Majesté leur adressait, dans l'audience qu'ils avaient obtenue. C'était la seconde fois, Messieurs, depuis un an, que cette faveur était accordée à vos délégués, et c'était aussi pour la seconde fois qu'ils recevaient la promesse que les griefs des propriétaires de vignes seraient pris en sérieuse considération. Alors, comme précédemment, il était permis de compter sur les effets de ces royales promesses.

Vous avez reconnu, Messieurs, que l'un des premiers soins du Comité devait se porter vers l'opinion publique, qu'il fallait ramener à nos intérêts que rien encore ne lui avait révélés. C'est une nécessité qui vous était démontrée par toutes les autres industries, représentées à Paris par un ou même plusieurs journaux; c'est d'ailleurs un moyen puissant que celui qui appelle au grand jour la discussion de tous les intérêts. La liberté de discussion, c'est le triomphe certain de la vérité, et la sauve-garde de la fortune des citoyens. Il fallait donc agir sur la presse, en usant de tous les moyens d'action dont on pouvait disposer. Un journal, fondé avec l'intention avouée de prendre la défense des intérêts agricoles du Midi, se présentait à nous avec une publicité résultant de 4,000 abonnés. L'*État* a donc été le premier organe de la presse parisienne qui ait pris l'engagement formel de nous ouvrir ses colonnes. En retour, le Comité central de la Gironde, et bientôt après les Comités de l'Hérault, de la Côte-d'Or, celui des délégués à Paris, le recommandèrent aux sympathies des propriétaires de vignes. Puisse-t-il, avec ce concours, joint à celui de toutes les industries qui cultivent le sol, étendre de plus en plus son action et contribuer à replacer la propriété agricole à la hauteur dont elle n'aurait jamais dû descendre !

Aujourd'hui que la vérité s'est fait jour, que l'on sent enfin la nécessité de revenir à ce qui constitue le bien-être et la fortune de tous, que cinquante ans de théories gouvernementales n'ont pu développer, nous devons espérer trouver notre place dans ce retour des intelligences aux choses plus positives. Déjà le nombre des organes de la presse de la capitale, disposés à soutenir les principes sur lesquels repose votre avenir, s'est étendu, et tout-à-l'heure le Comité vous soumettra quelques propositions à ce sujet.

Une des causes qui s'opposent au développement de la consommation des vins dans l'intérieur des villes, vient en partie de l'exagération des tarifs d'octroi, qui, au moyen de surtaxes, dépassent de beaucoup et presque partout les limites que la loi leur avait primitivement posées. Plusieurs fois, des réclamations ont été dirigées contre cet abus et toujours on les repoussaient en répondant qu'on imitait un exemple donné par nous-mêmes, puisque les vins étaient surtaxés à Bordeaux. Le Comité a donc pensé qu'il était urgent d'obtenir la réforme de nos tarifs d'octroi sur le vin. Déjà, en 1841, il avait adressé au Conseil municipal un premier mémoire, qui amena une diminution de quelques centimes par hectolitre. Ce n'était pas assez puisque le tarif n'était pas encore descendu au chiffre du droit d'entrée qu'il ne devait pas dépasser. La question était donc à reprendre et le moment opportun, car le Conseil municipal s'occupait de reviser les tarifs d'octroi.

Une commission, formée dans le Comité, rechercha tous les documens propres à l'éclairer, et une pétition fut remise à M. le Maire; des débats qui eurent lieu à ce sujet, il est résulté, il faut bien le dire, peu d'espoir qu'elle soit favorablement accueillie, le Conseil ne voulant consentir à aucune concession qui pourrait amoindrir les revenus de la ville. Cette pétition, reproduite par les journaux, n'est cependant pas restée sans effet. Plus de quarante communes, Conseils municipaux ou Comités vinicoles s'y sont associés en réclamant directement auprès du Conseil municipal. Il est à regretter que ces exemples n'aient pas été suivis de tous, car on ne saurait trop le répéter, c'est de l'ensemble de nos réclamations que doit venir la force nécessaire au triomphe de l'œuvre; il n'est pas douteux que le Conseil de la ville ne se préoccupât sérieusement d'une réforme dont l'importance lui serait démontrée par le nombre des réclamans.

Une grande question allait s'agiter : le Gouvernement venait de proposer sa loi sur les sucres; de puissans intérêts se rattachaient à cette mesure, sollicitée à la fois par les ports de mer, par la marine militaire et marchande, par le trésor et les colonies. C'était encore notre cause, car il s'agissait de frapper une industrie privilégiée, qui, grandissant tous les jours sous la protection, menaçait de s'emparer de nos principales sources de force et de richesse nationales. Après avoir obtenu la prohibition des sucres étrangers, au moyen des surtaxes, elle consommait la ruine de nos colonies en amoindrissant chaque jour ce marché si important ouvert à tous les produits de la métropole ; d'ailleurs, nous devions intervenir directement dans le débat, car les résidus de la fabrication des sucres indigènes donnent, par la distillation, une énorme quantité de trois-six, qui font, dans le Nord, surtout, où ils se consomment sur les lieux, une concurrence fâcheuse aux trois-six de nos départemens du Midi, qui ne peuvent s'y présenter que grevés des frais de transport.

C'est dans ce sens que le Comité comprit cette question, et qu'il la recommanda très-expressément à ses délégués à Paris. En toute occasion où il s'agira d'élargir le cercle de nos relations avec l'étranger, ou de la consommation intérieure, le Comité vinicole croira de son devoir d'y intervenir autant que faire se pourra, car tout succès sur les préjugés ou les priviléges est un acheminement à l'émancipation de nos produits.

Les délégués chargés de remettre votre adresse à Sa Majesté n'ont pas borné leur mission à cette seule démarche. Après s'être mis, dès leur arrivée dans la capitale, en relation avec le Comité central des délégués des départemens, ils ont obtenu plusieurs audiences des ministres, ont établi des rapports avec un grand nombre de personnes s'occupant des affaires publiques, soit en France, soit à l'étranger ; enfin, ils se sont présentés devant le Comité formé par MM. les députés, ils y ont révélé la position désastreuse de la propriété vinicole, dans notre département plus particulièrement. Ils devaient trouver d'autant plus de sympathie dans cette réunion, que la question présentée par eux prenait tous les développemens dont elle est susceptible ; car la Gironde, qui exporte une partie de ses vins fins par la voie maritime, ne saurait se passer de la consommation intérieure. Ils ne pouvaient pas non plus rester indifférens à la question si intéressante des trois-six et des eaux-de-vie, objet spécial d'une grande fabrication dans plusieurs départemens, et d'un commerce très-étendu pour l'Armagnac, l'Hérault et tous les pays du Midi, qui, au moyen du canal du Languedoc, de la Garonne et de ses affluens, expédient par notre port ; enfin, quant aux marchés intérieurs, et quant à l'exportation, les trois-six occupent une position qui, pour le prix et la facilité des ventes, se mesure assez régulièrement à celle des vins.

De tous les rapports qu'ils avaient établis, ils recueillirent un grand nombre de faits et de documens intéressans, qu'à leur retour ils firent connaître au Comité dans un rapport remarquable.

Il serait long, Messieurs, d'énumérer ici tout ce que ce travail contient, mais vous pourrez aisément vous en rendre compte en vous rappelant les circonstances. Il s'était fait un grand silence en quelque sorte, le mouvement politique, arrêté un moment, avait pris sa direction vers les questions commerciales ; on parlait de traités en voie de négociation avec la Belgique, avec l'Angleterre, avec le Brésil, traités où les produits vinicoles devaient, disait-on, trouver une grande place ; l'union des douanes allemandes venait de frapper de droits très-élevés divers produits français, et plus particulièrement la fabrication parisienne, connue sous la dénomination de *modes et fantaisies*, fabrication immense, et, de tout tems, très-recherchée ; la consommation des vins dans Paris, livrée en grande partie à la fraude, par la double exagération des droits d'entrée et d'octroi, diminuait chaque jour. Le commerce honnête, aux prises avec d'audacieux manipulateurs, sérieusement compromis, désirait un abaissement de droits, qui, en augmentant la consommation, aurait replacé tous les intérêts blessés ; car l'exagération de taxe aux barrières est une prime d'encouragement à la fraude, et une excitation à un commerce coupable, qui se développe chaque jour en face de la loi impuissante à l'arrêter.

Le commerce des vins de Paris était donc très-disposé à solliciter du Conseil municipal de la capitale un abaissement des tarifs d'octroi, et dans cette circonstance, à joindre ses réclamations aux nôtres. Nous devons espérer, Messieurs, qu'elles seront accueillies, et que dès-lors la consommation des vins dans la capitale reprendra une importance qu'elle a en partie perdue.

Le Comité appréciant toute la valeur de ce travail, riche de faits et de documens, et que long-tems on pourra consulter avec fruit, en décida l'impression à l'unanimité, et à l'unanimité vota des remerciemens à MM. du Périer, Hubert-Delisle, Éloy Lacoste, A. Larrieu, Subercazeaux et Leperche, pour la manière intelligente et dévouée avec laquelle ils avaient rempli le mandat qui leur avait été confié.

Le retour de vos délégués ne laissa pas le Comité central de Paris sans mandataire. La Gironde, vous le comprenez, Messieurs, ne saurait manquer d'y être représentée; elle le doit aux autres départemens qu'elle y a appelés, comme elle se le doit à elle-même. De nouveaux délégués se rendirent donc immédiatement à Paris, et d'ailleurs, afin qu'il n'y ait jamais d'interruption possible dans cette représentation, votre Comité avait confié le mandat à M. A. Larrieu, grand propriétaire, qui habite Paris, et que le Comité central a nommé son vice-président. Les nouveaux délégués envoyés en votre nom se sont efforcés de continuer la tâche difficile que leur avaient laissée leurs devanciers. — Ils ont prêté leur concours à toutes les études, à toutes les démarches que les circonstances ont exigées, et notamment au mémoire remarquable, publié par le Comité central, avant la clôture des Chambres, sur la question vinicole envisagée sous le rapport des octrois, des contributions indirectes et du commerce extérieur et intérieur. Ce travail, qui a reçu la signature de tous les délégués présens à Paris, restera comme une preuve évidente que les plaintes des propriétaires de vignes ne sont pas, ainsi qu'on a paru le croire assez long-tems, l'expression des souffrances d'une seule localité, mais bien de tous les départemens qui cultivent la vigne. Il a encore cela de particulier qu'il répond à cette autre objection qui tendrait à faire présumer qu'il n'y a pas identité d'intérêts entre les pays producteurs de vins. — Erreur profonde, et que quelques-uns de nos amis, il faut bien en convenir, ont un moment partagée, mais qu'ils n'ont pas tardé à reconnaître après une étude plus sérieuse des faits et des causes qui agissent et réagissent sur la production en général.

Cependant, Messieurs, le Comité vinicole de la Gironde ne restait pas inactif. — Il recevait journellement des Comités cantonaux et communaux des révélations bien tristes sur la situation des propriétaires de vignes. Les uns, faute de moyens avaient forcément négligé leurs vignobles; d'autres, poursuivis sans pitié par le fisc réclamant le montant des impositions dues, s'étaient laissé exécuter, ou s'étaient décidés à des ventes ruineuses. Dans certaines communes on avait même parlé de diminuer le salaire des journaliers; des indices certains révélaient, dans bien des localités, les rapides envahissemens de la misère, là où se voyaient encore quelques apparences de bien-être; en un mot, pour le plus grand nombre, si ce n'est pour tous, la fortune vinicole dépérissait au milieu de l'abondance de ses produits invendus. C'est dans ces douloureuses circonstances que le Comité fut saisi de questions bien délicates; quelque soin qu'il ait pris pour que les discussions qui eurent lieu à ce sujet ne vinssent à tomber dans le domaine de la publicité, il n'a pu l'empêcher, et des opinions intéressées s'en sont emparées pour les présenter sous le jour le moins favorable. Il sera toujours regrettable, Messieurs, que les intentions les plus pures et les plus loyales soient ainsi livrées à cet esprit inqualifiable qui ne sait rien respecter. — Quoi qu'il en soit, le Comité, qui récemment avait vu des propriétaires de vignes repoussés, lorsque, dans l'impuissance de payer l'impôt foncier, ils demandaient un sursis, qu'ils garantissaient par l'offre volontaire de leurs vins invendus, le Comité se résolut à une mesure dont l'adoption pouvait apporter quelque soulagement à la position d'un grand nombre d'entre eux. Il s'agissait d'une demande au Gouvernement d'un prêt de 2 millions, destinés spécialement à l'acquittement des impôts et remboursables à l'époque des premières ventes effectuées. — Cette demande n'était pas sans précédent, puisque, après la révolution de juillet, l'État avait fait un prêt considérable au commerce de Paris et notamment à la librairie. Nous pouvions donc espérer qu'elle ne resterait pas comme tant d'autres sans effet ; remise par nos délégués, appuyée par notre députation à qui elle était recommandée, les ministres ne l'accueillirent pas, non que le chiffre fût exorbitant, que les solliciteurs ne méritassent toutes les sympathies du pouvoir, que la forme n'en fût très-convenable, mais uniquement parce qu'il était tard, et qu'on craignait vers la fin d'une session de présenter une demande de 2 millions en faveur d'une population malheureuse ; on craignait d'ajouter 2 millions au milliard 400 millions que la Chambre allait être appelée à voter !

Jusqu'à présent, Messieurs, nous ne vous avons parlé que des travaux du Comité, de ses efforts pour reporter la discussion des intérêts vinicoles à toutes les tribunes ; il faut vous parler des moyens employés. Je n'entrerai pas ici dans les détails de chiffres, ce serait sortir des limites d'un compterendu, il appartenait plus spécialement à notre honorable trésorier de s'acquitter de ce soin, et ses comptes, déjà vérifiés par une commission, sont déposés sur le bureau.

Les délégués qui se sont rendus à Paris pour remettre votre adresse au Roi, ou pour vous représenter au Comité central des délégués de départemens, ont accepté le mandat à titre gratuit ; vous n'en serez pas étonné, car toutes les fois qu'il sera question de dévoûment au pays, on est sûr de trouver ici des hommes prêts à tous les sacrifices personnels.

Mais il est des services que forcément il faut rénumérer,

vous l'avez reconnu dans la dernière réunion générale, et dans ce but vous décidâtes qu'un appel serait fait aux communes, laissant au Comité les moyens d'exécution. Il nomma une commission spéciale pour aviser aux moyens les plus sûrs et les plus prompts de faire rentrer dans les mains du trésorier les souscriptions volontaires; la liberté la plus entière fut laissée aux communes et aux particuliers. Il était bien permis d'espérer que ce mode, qui acceptait toutes les offrandes sans distinction de quotité, devait, par le concours du grand nombre des intéressés, donner un résultat proportionné aux exigences de l'œuvre.

Ce résultat, Messieurs, n'a pas été généralement atteint; l'on ne doit sans doute l'attribuer qu'à la difficulté de réunir des hommes dévoués, mais, disséminés sur une surface de près d'un million d'hectares.

Cependant, le Comité a pu accomplir des travaux coûteux. Souvent il a eu recours à la presse pour porter à votre connaissance tout ce qui pouvait vous intéresser; ainsi, après avoir publié et répandu à près de deux mille exemplaires le compte-rendu de l'assemblée générale du mois de décembre, il a fait imprimer, pour vous être adressés, les détails intéréssans sur l'accueil fait à vos délégués par Sa Majesté; le rapport qu'ils présentèrent à leur retour sur la position des intérêts vinicoles à Paris; diverses lettres et réclamations aux ministres, notamment celle portant demande d'un prêt de 2 millions, pour venir en aide aux propriétaires en retard de payer leurs impositions; il a entretenu des rapports nombreux avec tous les Comités de départemens, et, enfin, vous avez pu en juger par vous-mêmes, une polémique suivie et développée au moyen du concours de plusieurs des organes de la presse parisienne.— C'est en résumant, en groupant pour ainsi dire tout le travail accompli, que vous pourrez juger, Messieurs, si ce qui a été fait est en rapport avec les moyens dont on avait la disposition.

Après vous avoir entretenu des travaux du Comité central pendant le tems qui s'est écoulé depuis votre dernière assemblée générale jusqu'à ce jour, il faut remonter un peu plus haut pour bien apprécier le progrès de notre cause, et les résultats que nous devons espérer.

Les nombreuses pétitions des propriétaires de vignes de divers départemens, l'organisation de Comités, les délégués envoyés à Paris, tous les moyens enfin pratiqués et suivis depuis plus de quatre ans n'étaient pas restés complètement stériles. Si l'opinion publique n'avait pas encore admis la question vinicole au nombre de celles qui l'occupaient, les hommes habitués aux affaires publiques l'étudiaient dans ces développemens. — La presse départementale d'abord, puis celle de la capitale commencèrent à discuter les causes qui pouvaient provoquer de si vives et de si nombreuses réclamations; — bientôt l'esprit d'opposition d'industries rivales, se mêlant à ces premiers effets de la publicité, développa la discussion. C'est dans ces circonstances et sous la puissante influence de ces faits, que se forma, dans le sein même de la Chambre des députés, et dans l'intervalle de deux sessions, un Comité vinicole;—composé d'abord de quelques représentans influens, et notamment de ceux de la Gironde, ce Comité reçut bientôt l'adhésion de presque tous les députés du Midi, et, à la reprise des travaux législatifs, leur nombre s'éleva à près de cent. Dès-lors il fut permis de croire que l'agriculture du midi et de l'ouest de la France allaient échapper à la double étreinte d'une législation fiscale dans l'intérêt du trésor, et d'une protection exceptionnelle en faveur de quelques industries privilégiées.

Le premier acte de ce Comité eut du retentissement; — vous n'avez pas oublié, Messieurs, la circulaire qu'il adressait à tous les conseils généraux, sur la question vinicole. Il les interrogeait sur la situation de cette grande culture, à laquelle il promettait aide et protection; — il voulait savoir ce qu'elle avait été autrefois, ce qu'elle était aujourd'hui ; son importance quant au travail qu'elle alimentait, le rôle qu'elle jouait dans le commerce intérieur et extérieur, enfin elle s'adressait à tous les hommes d'intelligence et de dévoûment qui pouvaient l'éclairer. Grand nombre de conseils généraux traitèrent la question à fond ; des documens nombreux et remarquables vinrent de tout le Midi, et un moment vos délégués, ceux-là surtout qui les premiers avaient été chargés de vos pouvoirs, durent espérer plus que tous les autres, car ils se rappelaient ces paroles de M. Guizot, ministre des affaires étrangères : « Soyez forts pour que je le sois en » votre nom, et n'oubliez pas que dans un Gouvernement » constitutionnel, les représentans du pays doivent appuyer » toute réclamation quelque juste qu'elle soit d'ailleurs. »

Le moment était opportun. — Jamais depuis long-tems de plus grandes questions commerciales n'avaient été agitées et aussi nombreuses. C'était la Belgique qui sollicitait une union douanière, premier acte d'alliance d'un peuple industrieux, qui n'a pas oublié tout ce qu'il nous doit, et qui n'est qu'une branche à demi détachée du pays dont il garde la langue et les mœurs, les sympathies et l'intelligence. — C'était l'Angleterre, demandant une modification à nos tarifs de douanes pour quelques-uns de ses produits en retour de concessions avantageuses à nos vins et à nos eaux-de-vie. — C'était le Brésil, voulant s'allier doublement à la France par le sang royal, et par des traités de commerce avantageux aux deux nations ; c'était l'union allemande elle-même, qui consentait à modifier, en faveur de nos vins, ses tarifs prohibitifs. — Enfin, c'étaient les Etats-Unis qui, après avoir expérimenté le moyen impolitique autant qu'impuissant de l'exagération des tarifs de douanes, se montraient disposés à un retour aux vrais principes d'économie politique.

Telle était la position où le Comité des députés trouvait les choses ; — devant lui, les ministres qui annonçaient s'occuper des intérêts de la question, en négociant des traités de commerce ; derrière, un Comité de délégués des départemens plein d'énergie et prêt à donner tous les renseignemens qui pourraient manquer ; par-dessus tout, enfin, les promesses et les sympathies avouées de la couronne.

Ce qui s'est passé dans cette réunion spéciale de députés, il est permis de le rechercher ; les motifs qui ont déterminé les résolutions prises, il est aussi permis de les examiner.

Il y avait deux manières de traiter la question : sous le point de vue du commerce extérieur et maritime, c'était celui des exportations ; sous le point de vue du commerce intérieur, c'était celui de la consommation ; — questions grandes, difficiles, complexes, et quoique l'on puisse dire, ayant sur bien des points un seul et même intérêt. — Envisagée sous le rapport commercial, elle prenait tout d'abord un caractère d'élévation qui, d'un intérêt particulier, la portait dans la haute politique. Il s'agissait de traiter de peuple à peuple, de faire des concessions aux divers produits étrangers, afin d'obtenir des facilités pour nos exportations. Dans ce cas, l'Angleterre, la Belgique, nous offraient, à plus de cent pour cent d'économie, des fers pour la construction de nos grandes lignes récemment votées par les Chambres ; — le Brésil nous ouvrait largement son marché en retour de l'entrée que nous accordions à ses sucres ; — les États du Nord, ceux-là qui autrefois composaient notre riche clientèle, renouaient leurs anciennes et bonnes relations en nous expédiant leurs chanvres et leurs bois ; nos colonies elles-mêmes, ruinées par les lois faites en vue d'une industrie privilégiée, reprenaient leur splendeur avec leurs habitudes commerciales ; ce n'était plus la question des producteurs de vin exclusivement, l'intérêt agricole des départemens du Midi, c'était la question de tous ; car, ainsi résolue, elle replaçait le pays dans l'heureuse condition qui fait qu'on reçoit de l'étranger ce qu'il produit bien et à bon marché, et qu'en re-

tour on lui fournit ce qu'on peut mieux faire et mieux produire que lui. — Et certes, sous ce rapport, il n'est pas besoin de le dire, notre France n'a rien à envier aux autres nations ; par le sol et le climat comme par l'intelligence de ses
travailleurs, elle ne peut que gagner à une liberté bien entendue des échanges. — Et d'ailleurs, au-dessus encore de
cette question déjà si saisissante, qui ne voit celle bien autrement grande de la civilisation qui marche et s'acclimate
partout où les relations commerciales s'étendent ? C'était donc
bien la question de tous les intérêts, celles des choses comme
celle des hommes, du présent comme de l'avenir.

N'était-on pas assez préparé à la voir ainsi ? Pensait-on
avant tout à porter remède aux maux qu'on avait sous les
yeux ; et qu'il était plus facile, plus sûr d'opérer la première
réforme chez soi ? C'est possible. D'ailleurs, quelques départemens, il faut bien le dire, qui ne produisent que pour la
consommation intérieure, ne réclamaient que le marché intérieur. Cultivateurs paisibles, leurs vignerons cherchaient
l'écoulement de leurs produits aux lieux accoutumés, et com-
prenant mal l'état des choses, ils attribuaient seulement à
l'exagération de l'impôt, ce qui était aussi le fait du refoule-
ment de produits similaires dans la consommation. — Les vins
qui autrefois s'écoulaient dans les pays étrangers, privés de
cette voie, leur font aujourd'hui une concurrence d'autant
plus désastreuse, qu'ils se présentent à la vente avec des
qualités que les leurs ne possèdent pas. — Tout ce que la
consommation étrangère repousse en retour de nos prohibitions revient forcément solliciter le marché national.

C'est ainsi, Messieurs, que les deux questions de l'exportation et du marché intérieur se touchent, se lient en quelque
sorte. — Si, au premier abord, on a pu le juger différemment,
c'est pour les avoir mal étudiées dans leurs principes, mal ju-
gées dans leurs conséquences.

Quoi qu'il en soit, il est évident qu'il y avait encore beau-

coup à faire au point de vue de la consommation intérieure.
Il n'était douteux pour personne que ce grand nombre de
droits et de dispositions vexatoires qui frappent partout et toujours les produits de la vigne, ne soit une atteinte grave
au droit de propriété, à la liberté du commerce, à la fortune
des citoyens.

Le Comité des députés crut prudent de ne pas soulever la
ligue puissante des industries rivales, et les prétentions du
ministre des finances en matière d'impôt, quand il était à
peu près certain de l'unanimité des suffrages en se bornant
à s'attaquer à quelques points secondaires de la question intérieure ; la majorité déclara donc que dans les circonstances
il fallait ne point toucher à l'édifice des contributions indirectes, tout en reconnaissant qu'il était un monument de barbarie au milieu de notre civilisation.

Le résultat des travaux du Comité des députés se borna,
vous le savez, à la proposition de deux projets de loi , dont
l'une , destinée à créer un nouveau mode d'éclairage au
moyen de l'alcool, a subi aux Chambres un amendement qui
peut en détruire toute l'économie , et dont l'autre ne recevra
de solution qu'à la session prochaine.

C'est peu sans doute , mais il faut l'attribuer à la force des
circonstances, dont il n'est pas toujours possible de s'affranchir. Ce Comité , d'ailleurs , n'a rien perdu de ses bonnes
dispositions en notre faveur ; sa récente circulaire aux Conseils généraux le témoigne suffisamment.

Maintenant , Messieurs , il reste à vous entrenir des efforts
isolés qui ont été faits cette année.

Le Comité central des délégués des départemens, à Paris,
a été d'un utile secours. Les audiences qu'il a sollicitées
et obtenues des ministres, toutes les fois que les circonstances
les ont motivées , les relations individuelles de chacun de ses
membres avec des hommes influens, et plus particulièrement avec les députés de leur département, leurs études

spéciales dans l'intérêt de la localité qu'ils représentaient ont contribué à répandre et populariser la question.

C'était là, Messieurs, un point fort important ; il n'y a pas long-tems encore que nos intérêts étaient ignorés ou méconnus dans les salons, dans la presse, dans les Chambres, ce qui explique l'inutilité apparente de plusieurs années de travaux et de réclamations. Mais, enfin, la persévérance a triomphé de cet obstacle, et, à l'heure qu'il est, on s'occupe, je pourrai même dire, on se préoccupe sérieusement des difficultés qui pourraient surgir de notre position.

Plusieurs écrits, publiés individuellement par les membres de ce Comité, ont contribué à ramener sur nous les méditations des hommes d'études et les sympathies de l'opinion publique.

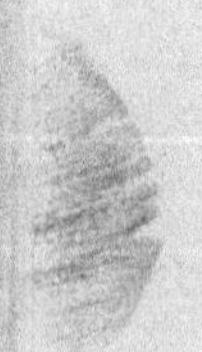

Les preuves de ce retour se rencontrent partout aujourd'hui, et il est facile d'en suivre les traces pendant la session qui vient de se terminer. — Ainsi, nos pétitions adressées aux Chambres ont reçu cette année les honneurs de la discussion et provoqué d'éloquentes inspirations ; la presse, si insouciante, si hostile même il y a peu de tems encore, nous a ouvert ses colonnes et quelquefois prêté son appui. — Des hommes haut placés dans le commerce, dans les arts, dans l'industrie, ont proclamé franchement le rang que nous devions tenir au milieu des grands intérêts du pays. L'industrie qui fournit l'article *modes* et *fantaisie* que le monde entier veut tirer de Paris ; la fabrique de Lyon, si renommée pour ses soieries ; celle de Mulhouse, pour ses impressions ; celles de Rheims, Saint-Quentin, pour leurs étoffes légères, toutes ces industries pleines de vie, et qui répandent au loin leurs produits par les voies diverses de l'exportation, marchent avec nous. Enfin, dans une série d'écrits fort remarquables sur la question des sucres, M. le baron Ch. Dupin a prouvé invinciblement la grandeur de l'intérêt vinicole quant à la fortune et à l'avenir de la France.

Telle est aujourd'hui, Messieurs, la position de la question.
Il n'est pas douteux qu'elle n'ait progressé et ne soit déjà
loin de son point de départ. Il y a moins de quatre ans, nous
la prîmes seule, isolée, n'ayant pour elle que son bon droit ;
à l'heure qu'il est, elle est sortie de l'isolement : des amis
nombreux, des alliés lui sont venus. Tout est donc prêt pour
une lutte où tant d'intérêts, représentans du travail national, ne sauraient succomber. — Mais il ne faut pas se le
dissimuler, il reste encore beaucoup à faire, et c'est à vous
tous, qui venez de recevoir compte du mandat que vous nous
avez donné, que nous demanderons, tout-à-l'heure, les
élémens du succès.

Ce rapport, écouté avec le plus grand intérêt, est vivement applaudi.

M. le président annonce que divers travaux à soumettre à la discussion de l'assemblée ont été préparés par les soins de commissions
spéciales, et que la parole sera successivement accordée à chacun de
leurs rapporteurs.

M. Hubert-Delisle a la parole sur la question de l'utilité des traités de commerce, et d'un système de douanes plus large, etc.

MESSIEURS,

La matière que j'ai à traiter est importante et grave ; aucune ne renferme plus de germes de progrès et de prospérité,
plus d'espérances réalisables, plus d'universalité et de vues
généreuses...

La liberté, en fait de commerce, est l'ennemie inexora-
ble du privilége, des préférences injustes qui depuis trop de
tems pèsent sur les nations. Cela vous explique les irritabilités
mises en jeu, et l'âpreté des plaintes lorsqu'on a voulu attaquer le système économique que la raison accuse et pour-
suit.

Mais pourtant, il faut que les idées de progrès s'accréditent
et se développent. Il faut que de grandes infortunes obtiennent des soulagemens en dépit des institutions anormales.
Laissez-moi, Messieurs, vous soumettre quelques consé-

quences d'un système désastreux, et vous resterez, je l'espère, convaincus que l'injustice et l'énormité du privilége ne
pourront pas toujours se maintenir.

Quand nous apercevons le mouvement qui s'opère autour
de nous, la carrière parcourue par la société moderne, ne
sommes-nous pas surpris de l'intensité de notre système
d'économie publique ?... Aujourd'hui, que les peuples se reposent après des guerres sanglantes, il y a une tendance
marquée vers l'homogénéité et la fusion : la source fécon-
dante de la civilisation actuelle est dans une immense action
d'échanges, dans une grande communauté de pensées, de
sciences, d'institutions, d'émotions... C'est le but que l'esprit
actuel recherche...

Mais détournez un instant vos regards, et portez-les dans
l'ordre matériel, qu'y voyez-vous ?..... En première ligne
l'exclusion, la séparation.

Lorsqu'un résultat semblable se présente, dites-vous avec
vérité que l'opinion est déjà en avant des faits, qu'elle réprouve ces lois qu'elle a mission de modifier dans sa marche progressive !

En effet, tout principe qui repousse l'égalité est mauvais
et injuste ; toute économie publique qui se dirige par ces
vues sur le consommateur est mensongère. — Le système
de prohibition est la consécration de ces principes illégiti-
mes.

Le consommateur est celui qui doit tirer de l'association
les fruits les plus abondans ; c'est pour lui que l'administ-
tration calcule ; c'est lui qui doit être ménagé dans les rapports usuels... Eh bien ! en repoussant les productions étrangères, le marché d'un vaste royaume est à la discrétion de
quelques-uns qui jouissent de la faveur d'élever les prix au
taux qu'ils veulent, d'affaiblir les ressources des masses et
d'empêcher que le malheureux ouvrier trouve dans son travail la récompense de ses sueurs.

Les industries, autres que les privilégiées, sont sacrifiées et découragées, car lorsque vous demandez pour un produit un prix exorbitant, vous amoindrissez la valeur relative des autres produits; dès-lors les capitaux se déplacent, se heurtent souvent et affluent vers les branches protégées, en laissant s'éteindre celles qui forment la richesse naturelle d'un pays.

Les vices du monopole portent sur l'intelligence des peuples; en livrant un marché assuré à une classe de producteurs, vous leur rendez les bénéfices faciles. Dès-lors, pourquoi déploieront-ils leur activité, de constans efforts. Dans cette disposition d'esprit, les progrès ne sont plus une nécessité de chaque jour.

Au milieu des effets malheureux du monopole, nous trouvons la perte du trésor, c'est-à-dire la perte de tous. Les douanes doivent être un revenu pour l'Etat, un avantage capital dans le cercle de ses ressources!.... Est-ce donc en arrêtant aux frontières les produits étrangers, en fermant le pays à l'activité des autres nations, en jetant d'immenses armées de douaniers sur toutes les limites du royaume, pour empêcher la moindre production de rompre le blocus hermétique; est-ce avec de semblables moyens que les douanes donneront un revenu à l'Etat ?....

Il faut alors que la portion moins favorisée de la nation, c'est-à-dire l'immense majorité, vienne faire face à presque toutes les exigences....... C'est elle qui comble le déficit des douanes; c'est cette majorité qui pourvoit en grande partie à cette garde sévère apposée sur les lignes frontières pour la protection des privilèges; c'est elle encore qui acquitte ces primes destinées à l'écoulement des industries qui ne peuvent vivre avec la moindre liberté d'échange..... C'est elle, en un mot, qui doit tout liquider avec des produits avilis et déjà frappés par des lois fiscales.

Tels sont les résultats funestes de ces inventions des temps modernes.... Et pourtant, malgré les malheurs qui suivent un système d'économie publique, tel que celui du monopole... si vous parlez d'y toucher, même avec mesure et modération, les parties intéressées s'élèvent avec éclat et font retentir des plaintes ou des menaces, suivant la nécessité du moment, et finissent par pressentir l'avenir, en s'écriant : *Jamais les droits protecteurs ne devront être abolis*. Mais ces mots révèlent plutôt l'inquiétude que la confiance dans l'avenir...

En effet, comment pense-t-on se conserver dans toute leur étendue ces priviléges qui n'ont que trop assailli nos pays....... Les producteurs d'objets favorisés jouissent ensemble d'assez beaux avantages.... Ne sont-ils pas sur un sol propre à tous les établissemens, au centre du marché dont ils sont les premiers fournisseurs, environnés de capitaux considérables, assis entre deux mers qui leur ouvrent toutes les communications.... et ils auront toujours, comme protection, des droits de douanes différentiels sur les objets venant du dehors.... Il me semble que cette condition est encore féconde en conséquences favorables. Mais cela ne suffit pas pour des industries privilégiées.... Il faut de hautes protections, parce que, dit-on, un pays dans l'enclavage de son territoire doit tout produire ; quand la production sera surabondante, elle s'exportera, et il entrera de l'argent pour enrichir l'Etat, — comme si l'argent n'était point un signe de la valeur. — Le pays, dit-on encore, doit exceller dans tous les genres de productions, comme si la nature, si le grand maître de toutes choses n'avait pas eu ses prévisions et ses desseins en formant des climats divers, en donnant des avantages spéciaux aux différentes contrées de l'univers. — Comme vous le voyez, Messieurs, le système de prohibition repose sur un seul raisonnement ; la nécessité de tout ramener chez soi.

Il se justifie par un seul exemple, celui de l'Angleterre. Elle s'est enrichie, dit-on, par son monopole, enrichissons-nous comme elle, puis nous ferons tomber nos lois prohibitives.

Si vous acceptez ce raisonnement, Messieurs, il faut vous armer de patience, car vous avez encore deux siècles de souffrances à subir. Mais, Dieu merci, cet exemple sur lequel on a vécu long-tems est de toute fausseté; ce n'est pas au monopole que l'Angleterre doit sa grandeur commerciale. — Sa puissance et ses immenses ressources proviennent des principes qu'elle a proclamés la première du monde, principes d'émancipation politique et de liberté; elle le doit à la richesse de ses houillères qui ont toujours permis de mettre en mouvement toutes les manufactures et d'étendre sur une vaste échelle sa production générale en multipliant les forces productrices.— Elle les doit à l'abondance du minerai, à son génie mercantile, à l'union intelligente de ses capitaux. Sa grandeur tient aussi à cette situation isolée au milieu d'une mer qui l'environne, comme une ceinture qui est sa sécurité.

Vous invoquez l'exemple de l'Angleterre!... Mais mon intelligence se refuse à le comprendre!... La Grande-Bretagne a fait sa fortune en commerçant avec le monde entier; elle exportait partout, couvrait les mers de ses voiles, fréquentait les golfes les plus retirés, pénétrait dans les terres par les fleuves; enfin c'est le regard sans cesse porté sur l'Océan, c'est en dirigeant les efforts de son génie vers les exportations qu'elle a grandi et s'est rendue maîtresse du monde commercial.... Et vous espérez atteindre le même résultat, vous qui voulez tout restreindre et tout renfermer dans l'intérieur, vous qui donnez à votre commerce le seul marché national.... vous qui démolissez pièce à pièce le vaisseau de l'État en repoussant les matières d'encombrement qui viennent du dehors et laissant s'anéantir celles que nos contrées offrent à l'univers. Non, vous n'avez pas le droit de vous servir de l'exemple de l'Angleterre, car vous n'avez pas les mêmes vues.

Voici pourtant à quoi se réduisent ces principes et ces comparaisons sans portée et sans vérité sur lesquels des législations ont été basées.

Nous avons d'autres principes aujourd'hui, ils marchent avec le siècle et finiront par être appliqués..... On les trouve dans un rapport présenté à la Chambre des députés en 1836, au nom d'une commission de douanes. « Les lois de douanes, » dit l'honorable M. Ducos, rapporteur, ont pour but es- » sentiel de créer un revenu à l'État; il faut, autant que pos- » sible, les resserrer dans les conditions de leur nature ; » leur influence, leur action, doivent s'exercer au profit de » la liberté qui est la règle et le besoin de tous, et non au » profit du monopole, qui est l'exception et le besoin de » quelques-uns. »

Les idées ont avancé depuis 1816 et 1822. On ne sou- tient plus que les perceptions exorbitantes aux frontières soient pour protéger le travail appelé national. L'opinion est venue vers nous, vers ce sentiment de liberté d'échange traditionnel dans la Gironde.

Mais pour obtenir le redressement de nos griefs, on pour- rait procéder de deux manières, ou par abaissement de ta- rifs, ou par des traités de commerce.... L'abaissement des tarifs est la liberté large et universelle pour toutes les na- tions de venir porter leurs marchandises sur le marché ; principe important, puisqu'il repousse l'exclusion et les pré- férences pour laisser la voie libre à la concurrence ; cette base sera celle sur laquelle les nations établiront leur force dans l'avenir, mais pour le moment aucun pouvoir ne tenterait de l'appuyer sur une vérité aussi hardie....

Les traités de commerce sont la facilité du prix pour l'a- mélioration des lois douanières. Ils permettent les affinités particulières, les conventions appropriées aux terres et aux lieux. C'est encore, Messieurs, un levier puissant, mais à la condition d'être manié habilement.

Bien que nous soyons accablés par un système qui répugne à la logique et à la constance des faits ; bien que la misère exerce de douloureux ravages dans nos contrées, et que

l'une des causes de nos souffrances soit dans le manque d'é-
coulement de nos produits, nous ne voulons pas demander
une destruction rapide, immédiate des barrières élevées pour
le bénéfice des monopoleurs. Nous comprenons tous les ménagemens qui doivent environner les idées de progrès. Nous
comprenons aussi le respect mérité par des industries, l'objet
des prédilections des lois économiques. Il faut savoir attendre et ne pas précipiter les résultats au risque de provoquer de profondes commotions et des crises qui retentis-
sent long-tems après leur éclat. Enfin, nous ne voulons
rien détruire, mais nous voulons progresser. Nous disons au
pouvoir, aux Chambres, qu'il faut marcher avec prudence,
mais qu'il est indispensable d'ébranler cet ordre de choses
antipathique à nos intérêts. Assez de tems les prohibitions ou
des protections inouïes ont conspiré contre notre propriété ;
assez de tems nous avons courbé la tête sous le poids de lois
cruelles ; il est tems de permettre au moins quelque liberté
de mouvement, quelque action aux industries naturelles du
sol de la France... Vingt-huit ans de prohibitions ont dû
suffire pour développer les produits véritablement nationaux.

L'administration ne doit plus hésiter ; il faut qu'elle traite
franchement et hardiment la conclusion des traités.

Voici la Belgique, pays d'affinité et d'assimilation, qui déjà
a été unie à la France ; ses mœurs sont françaises, son intelligence répond à la nôtre. En ce moment, un traité serait
possible sans blesser les intérêts nationaux et manufacturiers. Les principales branches de notre industrie seront à
peine effleurées. Nous avons besoin de la Belgique, la Belgique a besoin de nous.

L'Angleterre nous fait des offres. Le traité est prêt, il est
rédigé. La combinaison de ce traité présente des avantages
réels pour nos produits. Par un mécanisme heureux, les vins
de toutes sortes entreront dans la Grande-Bretagne. Les droits

restent élevés pour les grands crus et descendent successivement pour les vins à bas prix, et par ce mouvement de progression décroissante, les produits peu réputés de nos pays
se vendront à des prix modérés à Londres et dans les autres
capitales. Nous fournissions autrefois 22,000 tonneaux à nos
voisins, aujourd'hui nous en expédions 1,000 seulement.
Supposez l'existence d'un traité avec une échelle progressive,
et vous enverrez au-delà de la Manche une quantité qui pro-
bablement relèvera le chiffre des exportations.

Enfin, Messieurs, le Brésil nous ouvre ses portes, et
là, en échange des bois, des sucres, des cotons, nous aurons à envoyer des vins, des eaux-de-vie et nos produits
manufacturés; malgré notre loi des sucres, si fatale à nos destinées, on peut encore traiter avantageusement. Notre commerce s'est accru avec les régions de l'Amérique-Méri-
dionale; ce mouvement peut être développé par une négociation intelligente. Ce qu'il est favorable de saisir, ce sont ces
rapports entre pays éloignés par des nuances tranchées de
climat; les productions différentes de chaque contrée entraînent des rapports nombreux qui s'élargissent avec le
tems.

Tels sont, Messieurs, les traités sur lesquels votre attention est appelée, que le Comité central recommande à vos
délibérations, et pour lesquels il sollicite un vote formel qui
sera l'expression de l'opinion du Midi.

Quand je vous parle d'un vote formel, je ne doute pas que
nous ne nous comprenions. En effet, il doit être reconnu que
la question de l'exportation s'adresse à toute la production
vinicole.

La France recèle des avantages particuliers pour ses produits vignobles, et le monde recherche avec faveur ce que
le sol spécial de nos pays fournit. Représentez-vous quelque
expansion facile pour les vins de Bordeaux, pour ceux de
Bourgogne, de Lorraine, pour les eaux-de-vie d'Armagnac,

qui représentent un grave intérêt, pour celles de Cognac si réputées, à l'instant même votre marché national se débarrasse d'un trop-plein; les transactions y sont plus rapides et les vins destinés à l'intérieur trouvent un placement avantageux autant qu'assuré, parce que ceux d'exportation ne sont pas refoulés incessamment vers les marchés nationaux. Ce qu'il faut bien comprendre, c'est que nos intérêts se touchent et se lient étroitement, que nos maux proviennent des mêmes causes, bien qu'à des degrés différens; mais il est incontestable que de bons remèdes entraîneront les mêmes résultats pour tous les produits similaires.

Dans ce moment de concentration de forces et d'unité d'action, nous ne devons pas nous arrêter à nous seuls, Messieurs, à nous seuls producteurs de vins; il faut que notre grande cause se lie à celle de la propriété foncière qui, aprè avoir fait la fortune et la grandeur de la France, a aujourd'hui pour reconnaissance son abandon et sa ruine; il faut encore appeler auprès de vous d'autres auxiliaires, ce sont toutes les industries véritables, celles qui, destinées à naître et à prospérer sur le territoire, demandent à se répandre sur les autres peuples; elles sont nombreuses. Cette industrie, dite parisienne, si active, si élégante et si neuve, a fait d'immenses pas et s'impose à l'Europe comme tout ce que le Français produit quand il suit la loi de son génie; mais cette branche de richesses souffre par les droits qu'elle paie à l'extérieur. — Vous avez encore de grands centres, ce sont les villes de Lyon, pour ses soieries réputées; vous avez pour les étoffes légères de laine et les mélanges avec coton des appuis à Rheims, Amiens, Mulhouse, Saint-Quentin.

Comme vous l'apercevez, nous ne sommes pas isolés en France; nous devons nous unir, et en nous unissant nous sommes sûrs d'obtenir les résultats qui depuis long-tems devraient, si ce n'est enrichir, du moins faire vivre nos populations. Concentrons nos forces pour que notre action se développe et présente de grandes certitudes au pouvoir sur l'importance de nos intérêts. Je vous le certifie , nous avons de valables titres à l'attention publique, levons-nous donc pour nous compter et nous trouverons debout 8 millions de Français possédant de grands capitaux , placés dans une culture qui couvre un immense espace du territoire national. Nous verrons à côté de nous le commerce jusqu'à sa dernière ramification , des villes puissantes, des industries vitales Tels sont nos intérêts, il forment la richesse fondamentale et invariable de notre patrie. Pour obtenir la satisfaction qui nous est due , faisons-nous appel à des sentimens égoïstes, à des principes exclusifs et sordides?.... Non, Messieurs, nous demandons le développement de toutes les grandes idées sur lesquelles l'humanité s'appuie chaque jour ; nous voulons une liberté modérée dans nos relations, les échanges multipliés entre les nations faites pour s'unir et s'associer plutôt pour que se séparer et s'exclure ; nous voulons l'agrandissement d'une influence sociale progressive et sûre ; nous voulons la paix par l'extension des rapports internationaux , et sa durée par les développemens de notre inscription maritime qui devrait , dans la situation actuelle de la France , être la base de sa force et la sécurité de son avenir. Tels sont nos intérêts et nos principes.

Chez nos adversaires , qu'apercevez-vous ? Des intérêts égoïstes se concentrant sur un cercle rétréci de nationaux ; des familles puissantes, de grandes fortunes accrues avec une rapidité et une extension merveilleuse, et pour principes, l'exclusion, l'isolement, la clôture des frontières , afin que notre intelligence manufacturière ne se trouve pas en contact avec celle des étrangers. Tels sont les intérêts et les principes de ceux qui nous oppriment.

Désormais c'est aux Chambres et au pouvoir de choisir entre deux situations si différentes. Pour nous, Messieurs , montrons-leur la résolution de marcher à notre but, prouvons que nous éloignons toute idée de parti, tout dissentiment d'opinion devant le grand fait de nos malheurs; faisons comprendre que nous appuierons de toutes nos sympathies, non pas les hommes et les ministères, car ils apparaissent et passent rapidement, mais les principes vrais et puissans sur lesquels nous appelons l'attention du pays.

Nous demandons que le gouvernement, prenant en considération les intérêts généraux de l'agriculture, du commerce, de l'industrie vinicole, si vaste et si nationale, et adoptant enfin les principes d'une sage économie publique, entre sans délai dans une voie de réforme mesurée du droit de douanes, et s'efforce d'obtenir successivement et sans secousse l'abaissement des barrières élevées entre les nations, au grand détriment de leurs relations naturelles.

M. le président : La discussion est ouverte sur le rapport que vous venez d'entendre. Quelqu'un demande-t-il la parole?

M. Constant, délégué du Puy-de-Dôme : Messieurs, je viens défendre les intérêts de mon département qui me paraissent attaqués dans le rapport dont vous venez d'entendre la lecture.

Ce rapport, je m'empresse de le dire, renferme des vues excellentes sur presque tous les points qu'il a touchés, mais, avant de l'approuver dans son entier, permettez-moi de faire des réserves. Si dans votre système de douanes, plus juste et plus libéral, vous voulez ôter les droits sur les bestiaux, je déclare m'opposer à vos conclusions. L'introduction des bestiaux étrangers nuirait beaucoup, non seulement au Puy-de-Dôme, mais encore à tous les départemens du centre de la France. Dans mon pays, en particulier, il y a plus d'éleveurs que de propriétaires de vignes, nos produits en vin n'ont d'autres débouchés que chez les habitans des montagnes qui nous environnent; or, si vous introduisez des bestiaux étrangers dans cette partie de la France, qui nous prendra nos vins? Nous n'avons pas la prétention de rivaliser avec vous et nous ne songeons pas à nous livrer aux exportations lointaines.

Il faudrait donc exclure l'introduction des bestiaux étrangers; pour nous, cette question se lie à la question vinicole elle-même. Qu'on ne nous dise pas que la France ne peut produire assez de bestiaux pour ses besoins ; la production augmente tous les jours, et les encouragemens que l'on donne à l'agriculture contribuent puissamment à cet heureux progrès. Pour bien cultiver, il faut des engrais, et pour avoir des engrais il faut du bétail. Nous sommes en bonne voie sous ce rapport, et, dans deux ou trois ans peut-être, la France aura assez de prairies artificielles ou autres, pour tripler le nombre de ses bestiaux.

Je propose donc un amendement, ce sera le seul, aux conclusions du rapport qui vous a été fait.

Ce discours, approuvé par quelques membres de l'assemblée, soulève de nombreuses récriminations.

Un membre : Les questions que le Comité doit soumettre à nos délibérations n'ayant pas été communiquées à l'avance, je demande que l'on commence par lire tous les rapports, afin que nous puissions les discuter dans les séances suivantes.

M. le Président dit qu'on pourra tenir compte de cette observation, mais que la discussion étant engagée sur le rapport qui vient d'être lu, il y aurait inconvénient à l'interrompre.

M. Dézeimeris, député de la Dordogne, demande la parole.

Messieurs, je n'avais pas l'intention de prendre la parole, et l'état de la question devait me l'interdire. Cependant, je me vois dans la nécessité de discuter quelques idées qui ont été exprimées avec talent, mais dont la vérité est loin de m'être démontrée.

La propriété vinicole souffre ; tout le monde en est convaincu, tout le monde sait que nous perdons non seulement l'intérêt de notre capital, mais aussi sur nos frais de culture, et sur le capital lui-même. Les moyens qu'on vous propose pour changer cette situation intolérable sont-ils les meilleurs ? —Ils consistent essentiellement, d'après ce qu'on a dit, sinon à supprimer totalement les barrières de douanes, du moins à réclamer de très-grandes modifications dans les tarifs et à obtenir des traités de commerce avec les nations étrangères. Dans mon opinion, Messieurs, ce serait là faire fausse route ; non, ce n'est pas là qu'il faut chercher un allégement réel à nos souffrances. (Rumeurs).

Messieurs, il y a un fait qui me frappe surtout ; c'est que la production du vin en France supporte des contributions énormes, qu'on dirait nous avoir été imposées pour décharger les autres produits. Notre charte, pourtant, déclare que chacun doit contribuer aux charges dans la mesure de ses revenus. Mais la charte est-elle vraie en ce point ? Si, à la somme de 98 millions d'impôts indirects, on ajoute celle que produisent les octrois, on trouve la somme de 120 millions qui pèse sur les vins, et j'ose dire qu'au monde il n'est pas une seule industrie qui pût supporter ce fardeau sans y succomber.

Voilà, Messieurs, le mal le plus grave : l'impôt indirect et l'octroi ; mais il y a plusieurs remèdes. Le premier de tous serait de demander la suppression de ces charges ou du moins une très-grande diminution. Ainsi donc, à mon sens, la première chose à faire c'est de réclamer énergiquement, d'abord la réduction sur les impôts indirects et les octrois, ensuite leur suppression totale. Jusque là, Messieurs, la charte qui dit que chacun doit contribuer aux charges dans la proportion de ses revenus, jusque là, dis-je, la charte ne sera pas une vérité. (Longs applaudissemens.)

Pensez-vous, Messieurs, arriver à quelque chose d'aussi grand en vous récriant contre les droits de douanes ? On vous a dit que les droits de douanes étaient une protection accordée aux monopoleurs. Mais vous-mêmes, Messieurs, n'êtes-vous pas des monopoleurs ? Vous êtes presque tous, ici, producteurs de blé; savez-vous qu'elle est la moyenne des prix-de-revient de nos blés, et la moyenne du prit-de-revient dans les pays étrangers? La moyenne est pour nous de 19 fr. et nous sommes entourés de pays qui peuvent produire du blé à 7, 8 ou 9 fr., comme la Russie, la Pologne, quelques états barbaresques. Eh bien ! supprimez les douanes et vous verrez arriver des blés en con-currence avec les vôtres aux prix les plus minimes. Alors je prierai les agriculteurs les plus habiles, de me dire ce qu'ils feront des leurs et s'ils ne seront pas obligés de renoncer à cette importante cul-ture? Oui, Messieurs, dites-moi s'il est quelqu'un de nous qui puisse produire à ce bas prix avec l'élévation du prix de la main-d'œuvre qu'on ne peut pas abaisser (car aujourd'hui personne n'oserait le demander), avec le prix du sol, avec les contributions énormes qui pèsent sur nous, avec un budget d'un milliard, quatre cent millions? Non, Messieurs, il n'est pas possible que nous puissions lutter pour les céréales avec des contrées où le sol est à vil prix, où la main-d'œuvre est moins élevée, où il y a peu d'impôts. En un mot, je sou-tiens que, jusqu'à ce qu'il soit possible en France de cultiver le blé à aussi bon marché que dans les pays étrangers, il est indispensable qu'une loi protectrice élève les marchandises aux prix où elles sont. Jusque là je déclarerai que les lois de douanes existent à l'avantage non pas des monopoleurs, mais au profit de tous, et je dis de tous;

car, en France, tous produisent du blé, soit par le sol, comme propriétaires, soit comme travailleurs.

Maintenant, si je pouvais prendre, l'une après l'autre, toutes les
productions du sol, vous verriez qu'il en serait de même des chanvres,
du lin, comme du blé et du bétail ; je pourrais me borner à citer
cette dernière industrie, car le jour où l'on serait obligé de renoncer
à l'élève du bétail, il faudrait renoncer à toutes les autres productions
du sol.

Ainsi, Messieurs, voilà notre condition : c'est que la France ne
peut pas produire à bon marché comme d'autres contrées, et je ne
crois pas que jamais elle obtienne à meilleur marché qu'aujourd'hui
les produits agricoles.

Pour ce qui est des manufactures, dire qu'il n'y a en France que
des industries parasites, c'est là une grande erreur; nous avons, Messieurs, des industries qui font notre gloire : cela n'empêche pas
qu'elles ne produisent plus chèrement que les industries étrangères.
Ai-je besoin de dire que c'est parce qu'il pèse sur nos industries
des charges qui ne pèsent pas ailleurs?

Ainsi, Messieurs, je vous engage à mettre en première ligne, dans
vos discussions, une demande de diminution dans les contributions
indirectes et les octrois; quant à demander l'abolition de notre ceinture de douanes, je ne veux pas y donner les mains.

Maintenant je passe aux traités de commerce :

Parmi ceux qu'on vous a cités et que je crois devoir être énergiquement repoussés par nos agriculteurs aussi bien que par les com-
merçants, on vous a surtout parlé d'un traité avec l'Angleterre.
Messieurs, il y a un précédent : En 1786, il fut fait un traité de
commerce entre la France et l'Angleterre. Savez-vous quel en fut le
résultat? Nous n'augmentâmes pas d'un hectolitre l'exportation des
vins en Angleterre, elle diminua au contraire, c'est un fait résultant
de documens fournis par votre Chambre de commerce elle-même.
Un autre résultat de ce traité, fut la ruine complète d'un grand
nombre de nos industries par la concurrence des produits similaires
anglais ; voilà des faits acquis. Il n'est pas permis de croire qu'on
pourra obtenir de plus grands avantages du traité qu'on veut nous
faire conclure aujourd'hui. Les Anglais ne demanderaient pas une plus
grande quantité de nos vins ; indépendamment des habitudes prises
par les populations, il est de l'intérêt du gouvernement anglais de
favoriser la consommation des boissons qu'on fabrique dans le pays,

parce qu'elles lui donnent de très-forts revenus. Mais encore, y aura-t-il toujours dans un pareil traité un immense inconvénient, c'est la ruine de toutes nos industries ; je n'en vois pas une seule qui puisse soutenir la lutte.

Et, Messieurs, vous devez tenir à la prospérité de nos industries, c'est là votre plus puissant intérêt, car, dans la question qui s'agite ici, il y a un fait qu'il ne faut pas oublier et dont il n'a pas été assez parlé : sur les vins qui ne sont pas consommés dans le pays même où ils sont faits, 18 millions d'hectolitres sont vendus à l'intérieur ; 2 millions d'hectolitres seulement sont vendus à l'extérieur. Ces 18 millions d'hectolitres sont vendus dans les départemens qui ne font pas de vins, dans les départements industriels ; si vous ruinez leur industrie, il ne pourront plus acheter vos vins. Mais encore en ruinant leurs industrie, remplacerez-vous la vente de vos vins sur les marchés étrangers ? Prenez bien garde qu'en vendant cent, ou, si vous le voulez, deux cent mille hectolitres à l'Angleterre, vous ne perdiez votre marché de 18 millions d'hectolitres, en suscitant à vos consommateurs nationaux des compétiteurs étrangers ! (Ce discours excite une vive agitation dans l'assemblée.)

M. le président : Quelqu'un demande-t-il la parole pour répondre à l'orateur qui vient de descendre de la tribune ?

Plusieurs membres demandent si l'on pourra encore demain, à l'ouverture de la séance, répondre au discours de M. Dézeimeris.

Personne ne se présentant pour défendre les conclusions du rapport, attaquées par le précédent orateur, M. le président abandonne le fauteuil et se dirige vers la tribune. (Profond silence).

M. le Président : Messieurs, sans doute, si nous avions, dans notre attaque contre la législation douanière, demandé brusquement la destruction de toutes les barrières qui protégent soit les produits indigènes du sol, soit les produits de nos fabriques, je concevrais l'effroi que viennent de manifester deux membres de cette assemblée, et notamment un honorable député, M. Dézeimeris, — mais il n'en est point ainsi. — Nous n'avons pas de la sorte formulé nos conclusions. — Nous n'avons pas dit, nous n'avons pas voulu qu'une guerre d'extermination fût déclarée par l'industrie étrangère à notre industrie nationale. Nous appelons une lutte, il est vrai, mais une lutte salutaire, limitée par des mesures protectrices du travail national ; en un mot, nous convions notre industrie à admettre une certaine concurrence, et c'est parce nous avons meilleure opinion des nos industriels qu'eux-mêmes, que, dans leur propre intérêt, nous demandons qu'ils soient excités à mieux faire par une rivalité nécessaire à tout progrès. Endormis dans la possession de leur monopole, nos manufacturiers croupissent dans la routine, et c'est ainsi que, ne perfectionnant jamais leurs méthodes, et satisfaits des énormes bénéfices que le marché, hermétiquement fermé aux produits similaires exotiques, leur permet de réaliser, ils se maintiennent dans un état d'infériorité vis-à-vis l'industrie étrangère. Eh bien ! nous avons, nous, le juste orgueil de croire que le génie industriel de la France peut se mesurer sur tous les marchés avec le génie industriel des peuples voisins, et c'est pour stimuler nos forces productrices à ce combat utile, à ce combat noble et généreux, que nous demandons, non l'abolition immédiate, absolue, des tarifs de douanes, mais leur abaissement progressif et mesuré. (Applaudissemens prolongés.)

— Messieurs, sans généraliser plus qu'on ne l'a fait le débat, je me propose d'examiner seulement la question dans ses rapports aux deux branches productives qu'on vient de recommander à nos ménagemens. On vous a d'abord parlé des bestiaux ; — et l'on vous a dit que vous ne pouviez trop en favoriser la multiplication en présence des besoins de la consommation, et de l'intérêt agricole qu'on vous représente comme essentiellement engagé dans cette question. — Sur ce point spécial comme sur la question d'ensemble, on se fait une étrange illusion à mon avis, et les erreurs enfantent des erreurs. Il a été un tems où l'entrée du bétail étranger était permise : eh bien ! la France produisait alors plus de bestiaux ; cependant jamais le bétail n'a été plus rare et son prix plus élevé qu'aujourd'hui. Les droits protecteurs, depuis 1825, n'ont donc pas produit le résultat attendu. Les bestiaux diminuent au lieu de se multiplier, la protection n'a donc pas atteint le but. Les éleveurs, qui nous promettaient l'abondance et le bon marché, nous ont conduit à la disette et à une cherté contre laquelle la population entière réclame vivement. L'intérêt agricole est-il plus satisfait ? Non, évidemment, car ici il faut distinguer : l'industrie agricole se divise en deux branches très-importantes. L'industrie de l'éleveur et l'industrie des engraisseurs en herbages. — Eh bien ! la première est très-circonscrite, presque locale, et afférente à trois ou quatre départemens. Celle-là peut se croire protégée par les tarifs de douanes, et nous pensons qu'elle se trompe, car ce qui a fait enchérir le prix des bestiaux, c'est bien plus l'aisance générale et l'accroissement de la consommation de la viande dans toutes les classes, que la prohibition contre l'entrée des bestiaux étrangers; à cet égard, je pourrais donner des explications sur la cause du renchérissement du prix de la viande qui prouveraient que cette cause est toute intérieure, et tend à conserver son action, quelle que fût la législation douanière. En effet, le haut prix du bétail sera toujours attaché à nos produits par les besoins croissans de la consommation, par la destruction incessante des grandes propriétés; et notre code civil protége plus les éleveurs qu'ils n'ont besoin de l'être par notre régime douanier. Les pâturages s'en vont, le bétail sera toujours cher. Un prix rénumérateur, voilà le véritable stimulant de la production.

Mais si quelques départemens, en petit nombre, ont pu, à tort, se croire protégés par les tarifs de douanes, l'intérêt agricole des herbagers, des engraisseurs, ne reçoit-il pas un contre-coup funeste par la privation des bestiaux que nous pourrions tirer de l'étranger? Dans notre département, nous pouvons citer des localités qui possédent de beaux et grands pâturages, pour lesquels les sujets manquent. Ainsi, l'agriculture souffre dans ses élémens de profits, et les consommateurs dans leurs moyens d'alimentation. Remarquez, Messieurs, que, dans nos demandes, nous réclamons la faculté d'introduire le bétail maigre, ce qui satisfait, comme je viens de le dire, au double besoin de l'agriculture et de la consommation.

On a tiré un argument spécieux de ce que vous étiez producteurs de blé en même tems que producteurs de vins, et l'on vous a dit : vous réclamez contre le système protecteur des industries manufacturières, et vous êtes cependant protégés vous-mêmes comme producteurs de céréales; — vous avez tort de demander l'abolition des tarifs protecteurs, car si, quant aux grains, les lois de douanes étaient modifiées, vos intérêts à l'instant seraient profondément froissés par l'introduction des grains étrangers à bien meilleur marché que les vôtres. C'est encore là une erreur, Messieurs, et un exemple malheureusement choisi. Sans contredit, il est des marchés dans le monde où le blé peut s'obtenir à plus bas prix que chez nous. Mais si nous voulions nous rendre compte des motifs de cette différence, nous en trouverions peut-être la raison en partie dans l'influence du système protecteur lui-même; est-il étonnant que la France produise plus chèrement que les autres nations, quand tous les élémens du travail et tous les objets de ses consommations sont considérablement renchéris pour elle; quand, pour ne citer qu'un exemple, elle paie le fer de ses instrumens aratoires cinq fois plus cher que les nations du Nord qui pourrait lui faire la concurrence? Trève à ce système d'exclusion absolue et étroite, que tend à réaliser le système prohibitif des douanes entre les nations; songez aux conséquences rigoureuses que vous seriez obligés de tirer de ce principe, s'il était vrai une seule fois. Je prendrai un exemple près de nous parce qu'il sera plus sensible; n'avons-nous pas, aux limites de ce département, des contrées qui produisent des céréales dans des conditions différentes des nôtres; les départemens de la Dordogne, de la Charente, des Landes, de Lot-et-Garonne, etc., produisent-ils au même prix que celui de la Gironde? Les mercuriales de chacun de ces départemens vous diront l'inégalité du prix-de-revient de chaque localité. Eh bien! faudra-t-il, pour protéger nos produits contre la concurrence des blés de nos voisins, avoir recours à un tarif, créer des douanes départementales? Non, certainement. Agrandissez le cercle, et ce qui est vrai ou faux pour quelques départemens sera également faux ou vrai pour l'Europe, — pour le monde, que des lignes imaginaires, tracées sur des cartes de géographie au point de vue économique, ne peuvent ni partager ni diviser. (Applaudissemens.)

Comment cependant nos céréales peuvent-elles s'élever et se maintenir à un prix suffisant et n'être pas écrasées par la production étrangère, qui peut nous faire une concurence si redoutable? Messieurs, dans cette question des blés, comme dans toutes les autres, il est un fait que nos honorables contradicteurs n'ont pas prévu; il en est d'autres dont ils ne tiennent aucun compte; et d'abord nous n'avons jamais demandé que le marché national fût ouvert sans aucune réserve en faveur de nos produits indigènes. Ainsi, nos agriculteurs seraient encore, dans notre système, appuyés par la législation douanière contre le choc violent d'une concurrence trop inégale, mais avec plus de liberté dans les transactions internationales. Le fait que nous voulions signaler, c'est la spéculation, cet agent si actif et si intelligent qui tend sans cesse à ménager tous les intérêts en nivelant les prix les plus différents; or, comme ce sont les prix les plus élevés qui forment les prix régulateurs du commerce de spéculation, les producteurs nationaux, au taux le plus élevé, se trouvent garantis par les frais de transport, les commissions et les bénéfices nécessaires du commerce, qui, s'il achète au meilleur marché possible, s'efforce en même tems de revendre le plus cher possible.

Du reste, l'exemple de la législation des céréales qu'on nous oppose a été bien mal choisi par nos honorables contradicteurs : si nous sommes protégés par la loi de 1817, nous le serions encore davantage, à notre avis, par une plus grande liberté, qui permettrait de plus grands approvisionnemens au commerce, et ce sont les achats de la spéculation qui déterminent les prix élevés. Cet exemple des grains a été mal choisi, en outre, par la raison qu'en cette matière, des considérations plus qu'économiques doivent guider le Gouvernement, et que s'il est un produit susceptible d'être réglementé dans ses prix, c'est celui-là. Et d'ailleurs, même quant aux grains, que se passe-t-il? et pourquoi ne le dirions-nous pas, cette législation qui les régit serait une amélioration très-réelle appliquée aux autres produits, et que nous ne pouvions invoquer nous-même dans le système que nous défendons. Les droits mobiles établis à l'introduction des blés étrangers, et calculés d'après les mercuriales de nos marchés intérieurs, ne sont-ils pas une atteinte portée au système exclusivement protecteur de nos producteurs de céréales? On nous dit que nous sommes protégés nous-mêmes comme producteurs de grains! Eh bien! que tous nos producteurs ne le soient pas davantage, et que l'introduction des produits similaires soit réglée par des droits mobiles qui la permettent suivant le taux plus ou moins élevé de nos produits indigènes. (Assentiment.)

On nous a dit que nous devions demander d'abord la liberté des marchés intérieurs ; des propositions vous seront soumises à cet égard, nous ne pouvions pas oublier de si importantes résolutions. Mais toujours est-il que les relations internationales ont un grand intérêt pour la France, et pour nous en particulier propriétaires de vignes. La question douanière devait donc être posée. Nous n'entendons point nuire à la production nationale par les réformes douanières que nous sollicitons. Nous croyons que le système prohibitif ou exclusivement protecteur est faux dans son exagération. Nous croyons que des atténuations à ce système sont possibles, sont favorables à la production générale du pays, et que les perfectionnemens, le développement de l'industrie sont heureureusement excités par la rivalité et la concurrence ; qu'un pays tel que la France doit aspirer à étendre ses relations au-dehors de ses frontières ; qu'il ne peut aspirer à vendre à l'étranger sans acheter ; que si plusieurs industries nationales souffrent du défaut d'exportation, c'est un appauvrissement du marché intérieur dont souffriront à leur tour les producteurs auxquels ce marché se trouve exclusivement réservé.

Ce discours est vivement applaudi dans certaines parties de l'assemblée, mais sur certains bancs d'énergiques réclamations se font entendre. Plusieurs membres demandent la parole. Tout fait présager une discussion animée et de nombreux dissentimens.

M. Billaudel, député, paraît à la tribune; le silence se rétablit.

M. *Billaudel*: Je me suis rendu ici avec empressement; j'éprouve un véritable bonheur d'assister à votre réunion, qui est celle de tous les départemens ayant un intérêt parfaitement identique, et c'est dans cette identité, dans cette communauté d'intérêts que je trouvais un moyen de force pour la cause que nous défendons tous. Ainsi, je croyais que ce qui ressortirait de la présence, dans cette enceinte, d'hommes venus de toutes les parties de la France, c'est que nous sommes tous d'accord sur les besoins de l'industrie vinicole. Messieurs, le temps nous presse; nous n'avons plus que deux séances, et il faut vider l'immense question des vignes. Je crois, pour ma part, qu'il serait possible de démontrer que les intérêts vinicoles sont engagés dans la solution de la question des douanes, mais comme il est probable que cette question amènerait des dissentimens et que si nous maintenons la question sur laquelle vient de s'engager le débat, il est à craindre que nous ne consacrions les deux séances qui nous restent sans peut-être nous mettre d'accord, je crois qu'il vaut mieux d'abord nous placer sur un terrain commun, sur un terrain qui puisse amener une manifestation unanime. L'assemblée toute entière doit désirer que la question que nous allons d'abord discuter reçoive l'expression de toutes les sympathies. Il faudrait donc commencer par la question des octrois ou par celle des contributions indirectes sur lesquelles il ne paraît pas qu'il puisse y avoir grande divergence d'opinion.

Messieurs, on nous observe ici! nous sommes en présence de la France entière; il serait fâcheux qu'à notre première réunion, on vît des dissidences. MM. les membres du bureau ont désigné les questions sur lesquelles ils désirent nous appeler à discuter, elles seront toutes soumises à vos délibérations, mais je crois qu'il faut changer l'ordre des discussions, et ajourner la question des douanes.

Maintenant, je dirai un seul mot à M. Dézeimeris, dont le discours a excité parmi vous tant de craintes. Je lui dirai, et il me comprendra mieux que personne, qu'il en est de la société comme des individus; que lorsqu'on a long-tems vécu dans un régime mauvais, le corps en souffre, mais s'y habitue, et qu'il est ensuite bien difficile de revenir à un régime bienfaisant et à l'état de santé première. (Très-bien). C'est une comparaison qu'on peut se permettre surtout lors qu'il s'agit des douanes.

Je demande dans l'intérêt de la cause vinicole qu'on ne continue pas la discussion commencée et qu'une autre question soit mise à l'ordre du jour. (Marques nombreuses d'assentiment.)

M. le Président, avec vivacité et à la tribune : Je viens m'opposer à la question préalable. La question des douanes a été posée, il y a eu déjà discussion, il faut qu'elle continue pour en venir à un vote. Ce n'est pas à Bordeaux, Messieurs, qu'une pareille question posée peut être renvoyée sans examen. Nous réclamons depuis vingt ans et avec la conviction que nos réclamations sont justes; nous ne pouvons donc pas déserter le combat aujourd'hui. — Je demande que la discussion soit continuée.

Plusieurs membres demandent que l'on passe immédiatement à la discussion d'une autre proposition et qu'on réserve celle des douanes. D'autres, au contraire, soutiennent qu'on ne peut changer ainsi l'ordre du jour; que les délégués ne forment point une assemblée permanente; qu'il faut profiter de la circonstance actuelle pour traiter cette question à fond, qu'après les principes économiques professés à cette tribune par un honorable député , il ne faut pas qu'on puisse dire que la question des douanes a été remise dans une assemblée tenue dans la Gironde.

M. de Coursous : La question préalable mérite d'être prise en sérieuse considération , voici pourquoi : Les propriétaires en général s'occupent peu de diplomatie ; la plus grande partie d'entre nous ne peut pénétrer les secrets d'État et nous ne nous entendrions pas facilement sur les droits de douanes qui touchent à nos rapports avec les nations étrangères; mais ce que nous comprenons fort bien, c'est que les marchés intérieurs sont fermés pour nous; la chose qui nous importe le plus, c'est d'en solliciter l'ouverture. Il est évident, pour nous tous propriétaires , qu'il faut rechercher les moyens d'écouler nos produits chez nous, avant de nous occuper des marchés étrangers. (Très-bien ! appuyé, appuyé !)

La majorité de l'assemblée paraît désirer de passer à la discussion sur les impôts indirects et les octrois avant de traiter la question des douanes.

M. Princeteau : Je désire savoir si les deux opinions qui viennent d'être émises s'accordent bien ensemble ; ainsi, que faut-il comprendre par une question réservée? il m'a semblé qu'en réservant la question préalable, on voulait dire que la question serait supprimée de l'ordre du jour. Si l'on veut dire seulement que la question sera discutée après les autres, ce n'est entre les différentes questions qu'une affaire de préséance, et je n'y vois pas la moindre difficulté ; c'est pour moi absolument la même chose, pourvu que toutes les questions, entendons-nous bien, Messieurs, pourvu que toutes les questions soient discutées ; si vous éloignez la discussion avec l'intention de ne pas traiter la grave question des douanes, alors je m'oppose de toutes mes forces au renvoi et je demande le maintien de l'ordre du jour.

Réclamations nombreuses.

M. Billaudel, de sa place : Messieurs, je proteste contre l'interprétation qu'on vient de donner à mes paroles.

M. Princeteau : Il n'y a pas, je pense, dans mes paroles d'interprétation défavorable à M. Billaudel ; mais comme il a été dit que la question des douanes nous tiendrait peut-être durant trois jours, j'en devais conclure que, sur une question si importante et dont la discussion paraissait devoir être si longue, demander l'ajournement, c'était demander la suppression : voilà qu'elle était ma crainte. Si la question doit être seulement ajournée, sans qu'elle sorte de l'ordre du jour, la chose m'est indifférente. Mais je veux qu'il soit bien entendu que vous ne nous quitterez pas sans qu'elle soit traitée, car vous nous le devez à nous, qui luttons depuis si long-tems pour la défense de nos intérêts communs. Eh ! Messieurs, on ne guérit pas la situation en évitant les difficultés. Du reste, il y a dans l'assemblée plus de diversité d'esprit que d'opposition entre les intérêts. Si tout le monde n'a pas les mêmes opinions sur des intérêts identiques, ce n'est pas une raison pour éloigner la discussion, au contraire, nous devons rechercher si les différences sont à la surface ou bien dans le fond, si la diversité est dans les intérêts ou dans les opinions. Car, Messieurs, il ne faut pas qu'une question de liberté commerciale périsse enfermée comme dans un tombeau au sein d'une assemblée tenue dans la Gironde, dans une ville qui a toujours marché à la tête des défenseurs de la liberté commerciale. Notre intérêt, Messieurs, est celui de l'agriculture, notre intérêt est celui de la liberté du commerce. *(Applaudissemens.)*

M. le Président : La question préalable entendue comme vient de l'expliquer M. Princeteau....

M. Billaudel : Comme je l'entends et comme je l'ai moi-même expliquée avant M. Princeteau.

M. le Président continuant : Et ainsi que l'a expliquée M. Billaudel est mise aux voix :

M. Roul demande qu'il ne soit pas question *d'ajournement* mais seulement de *priorité.*

L'assemblée consultée, accorde la priorité à la discussion des propositions sur les impôts indirects et les octrois.

M. H. de Saluces, lit un rapport sur *la formation* du Comité vinicole des députés.

MESSIEURS,

Les efforts tentés par l'Union vinicole ont reçu cette année une sanction qui doit nous faire espérer un meilleur avenir. Je veux parler d'un Comité formé au sein de la Chambre. Soumis comme nous le sommes de fait et d'intention aux pouvoirs légaux, nous appelions de tous nos vœux une manifestation pareille, qui prouve que nos vrais et légitimes représentans cont décidés à nous faire rendre justice. Placés en seconde ligne, Messieurs, nous soutiendrons avec ardeur ceux qui défendent notre cause, et autant que notre influence nous le permettra, nous traiterons en adversaires ceux qui viendraient à la déserter. Ce Comité de députés a déjà pour nous un avantage, il peut être considéré comme une approbation tacite donnée à nos réunions passées. En effet, Messieurs, dans un pays où la liberté est le principe de toute loi, lorsque des citoyens se réunissent, animés comme nous d'intentions loyales, lorsque cette loyauté est évidente, ils restent, quelle que soit la lettre de la loi, dans le cercle tracé par son véritable esprit ; car c'est surtout en politique que l'on peut dire « la lettre tue et l'esprit vivifie » et le pouvoir qui approuve aujourd'hui nos assemblées, n'en reste pas moins armé de la lettre de la loi, pour disperser celles qui ne seraient pas animées du même respect que les nôtres pour la constitution du pays. — Cette approbation tacite donnée par le pouvoir et par un grand nombre de députés, l'approbation bien plus précise, donnée par la présence de plusieurs des membres de la Chambre au milieu de nous, répond d'ailleurs victorieusement à ceux qui, ne pouvant combattre la légitimité de nos demandes, avaient calomnié nos vues.

Déjà, Messieurs, le Comité vinicole de la Chambre a cherché à arrêter la fraude ; s'il parvient à la réprimer, ce sera un grand service rendu à la fois aux producteurs et aux consommateurs. Mais, Messieurs, ce n'est là que le commencement des efforts que nous sommes en droit d'attendre de nos députés, et comme nous pensons que les vérités les plus simples ont besoin d'être dites cent fois pour être admises, nous répèterons ce que d'autres ont écrit avant nous et mieux que nous. Nous dirons à nos députés, qu'après avoir doté la France de voies de communications nombreuses, qui ont mis ou vont mettre Londres à quelques heures de Paris, et Bruxelles aux portes de la capitale, après avoir ainsi applani les difficultés naturelles, il est déraisonnable d'élever de plus en plus chaque jour les barrières fictives..... Nous leur dirons encore qu'après avoir contribué à maintenir la paix du monde, il n'est pas sage de laisser les peuples se faire une guerre de douanes. Vous êtes animés, Messieurs, des plus nobles pensées de civilisation et de progrès, et si vous avez des doutes, tout au moins ne repoussez-vous pas l'espoir de la confraternité des peuples... Eh bien ! alors multipliez donc entre les nations les rapports et les échanges, et lorsqu'une communauté d'intérêts aura été établie, vous aurez plus fait pour la paix future que ne seront en état de faire jamais les plus habiles diplomates. On nous répond à cela, sans cesse, vous voulez donc anéantir les priviléges de l'industrie française ?.. Ici, Messieurs, il s'agit de s'entendre : nous reconnaissons à la vérité qu'un peuple peut avec raison établir des pri-

viléges en faveur de quelques-uns ; mais c'est dans la condition essentielle que ces priviléges sont utiles au bien
général ; lorsque cette utilité est contestée, les priviléges
sont ébranlés ; lorsqu'elle n'existe plus ils doivent disparaître à leur tour ; ainsi le veulent et le bon sens et la justice.
Colbert pour créer l'industrie , Napoléon pour la faire revivre et la perfectionner ont dû lui accorder des priviléges... Mais aujourd'hui , Messieurs, les expériences sont
faites, les industries véritablement nationales, c'est-à-dire
celles qui reposent sur les productions naturelles du sol ou
sur l'habileté de nos ouvriers , celles-là n'ont rien à craindre de la concurrence étrangère, nous avons même la
preuve qu'elles la soutiennent avec avantage dans certaines
villes libres de l'Allemagne. Ainsi donc , ce serait à des industries factices que nous sacrifierions la source de richesse
la plus réelle que nous possédions... Car, Messieurs, ne
nous lassons pas de le répéter, si les contrées qui produisent les vins propres à l'exportation ne sont pas fort étendues, tout le midi de la France peut fournir des eaux-de-
vie qui n'ont pas de rivales dans le monde , et que nous
échangerions avec avantage contre les produits qui ne viennent qu'à grands frais ou qui manquent dans nos climats.

Après ces considérations générales, qu'il nous soit permis
de vous citer des faits qui , malgré leur peu d'importance
apparente, ont une signification malheureusement trop
réelle. Je veux parler entre autres de la forme des annonces
pour la vente des propriétés. Vous le savez, Messieurs, l'annonce a son habileté. Eh bien ! toute l'habileté de l'annonce
consiste aujourd'hui à dissimuler les vignes ; on vous dit en
parlant d'une propriété qu'elle a très-peu de vignes ou
qu'on peut les arracher et les transformer... Enfin , si par
exception elle n'en possède pas, on s'appuie sur cette considération, car on sait que c'est la plus concluante de toutes.
On peut citer encore avec un caractère d'authenticité plus

grave des propriétés vendues par acte public à des prix bien inférieurs à ceux auxquels ces mêmes propriétés avaient été précédemment cédées. Enfin, la Chambre des pairs, en consultant ses archives, peut voir si le domaine de Cholet, qu'elle a possédé, administré et vendu, ne s'est pas trouvé dans des conditions encore plus fâcheuses que les portions les plus maltraitées du sol français.... Ainsi donc, Messieurs, nos plaintes ne sont point exagérées, car nos souffrances sont évidentes.... et cependant elles ne nous rendent point injustes, elles ne nous aveuglent pas.... Oui, nous reconnaissons volontiers, que grâce à l'établissement d'une constitution libérale, généralement dans le royaume les terres ont doublé de valeur, l'aisance a remplacé la misère; des ponts, des canaux, des routes ont été créés et le crédit public est parvenu à un taux que nous ne connaissions pas... Mais si nous nous réjouissons comme Français de ces témoignages de la prospérité publique, le retour sur notre propre situation en devient plus triste encore, et en voyant le point où est parvenue la France malgré les lois qui enchaînent son commerce, nous regrettons amèrement que des lois plus sages ne lui aient pas permis de développer tous les germes de puissance et de richesse qu'elle renferme.....

A la fin du dernier siècle, Messieurs, un cri généreux partit du sein des assemblées dauphinoises; on dit : Cessons d'être Dauphinois, Provençaux, Bretons, Lorrains, Languedociens... soyons Français; ce cri se propagea avec une rapidité électrique, il était la pensée du pays', et bientôt l'assemblée nationale posa les bases sur lesquelles devait être fondée l'unité de la grande famille française..... Mais, Messieurs, s'il est vrai de dire que depuis cette époque, au point de vue des lois civiles et politiques, une balance égale ait été tenue entre tous, est-il vrai d'ajouter que les lois économiques ont eu le même caractère de justice... Non, Messieurs, et l'élévation de la valeur des terres dans le

Nord, leur dépréciation ou tout au moins la progression de cette valeur, moins rapide dans le Midi, le prouvent d'une manière évidente.

Mais, Messieurs, ne nous décourageons pas....

Ainsi que l'a dit à la Chambre l'honorable M. Mauguin : « Le tems des vaines discussions théoriques est passé. » — C'est vers les lois économiques qu'il faut tourner nos regards. Déjà le Gouvernement, s'associant à cette pensée, a soumis aux conseils-généraux plusieurs questions intéressantes ; l'une d'elles, entre autres, nous semble pouvoir être résolue dans un sens favorable à la cause que nous défendons..... On a demandé quel était le moyen de ralentir la progression dans le prix des bois en France? Ce moyen ne serait-il pas de cesser d'en brûler une aussi grande quantité pour produire de mauvais fers?.. Il suffira, nous l'espérons, que les questions économiques soient sérieusement posées pour que nous voyions s'écrouler peu à peu le système prohibitif.... En attendant, Messieurs, que chacun de nous se fasse un devoir de travailler à la propagande du système contraire ; commençons par ramener à nos idées les hommes qui nous entourent et qui n'ont pas encore admis la similitude de nos intérêts ; disons à ceux qui ne possèdent pas de vignes, que les richesses apportées dans notre pays par le commerce des vins, donneraient immédiatement une valeur plus grande à tous les immeubles ; ce qui se passe aujourd'hui dans les landes qui nous entourent, et où le contre-coup de notre détresse s'est fait promptement sentir, prouve assez combien nos vœux doivent être communs.

En ramenant encore une fois la question au point de vue des considérations générales, souvenons-nous que le commerce a toujours été une cause principale de la richesse des états ; liguons-nous donc contre ce système prohibitif son plus grand ennemi, et qu'il ne reste de lui, dans quelques années, que le souvenir des maux qu'il nous a causés.

Enfin, Messieurs, en remettant avec confiance nos intérêts entre les mains de nos députés, rappelons-leur ce mot d'un de nos vieux historiens les plus estimés. Froissard, après avoir rendu compte des troubles du Midi, termine ainsi ses réflexions : « Ces peuples veulent être par la douceur menés. » Or, Messieurs, nous sommes bien les enfans de ceux dont parle Froissard...... mais nous savons que, pour un peuple libre, être gouverné avec douceur, c'est être gouverné au nom des lois, et que les lois douces sont celles qui sont justes!... Ce sont celles-là que nous demandons et que nous obtiendrons par l'influence de nos députés...... En conséquence, Messieurs, je propose à l'assemblée de voter des remerciemens à MM. les députés qui composent le Comité vinicole, en ajoutant que nous attendons de leur patriotisme et de leur persévérance un système économique plus en rapport avec la civilisation et la liberté que celui que nous subissons.

M. Lemercier, député : Messieurs, permettez-moi de vous donner quelques renseignemens sur les travaux du Comité vinicole formé par vos députés à Paris. En recherchant quels étaient les moyens de porter quelques remèdes aux souffrances de l'industrie vinicole, nous avons dû naturellement rechercher quelles en étaient les causes. En première ligne nous avons trouvé la fraude, la fraude favorisée par la loi elle-même. En effet, on avait pensé que puisque les vins contenaient une certaine partie d'alcool, il fallait fixer un maximum d'alcool par chaque pièce de vin qui entrerait dans Paris. Ce maximum étant élevé, qu'arriva-t-il? C'est que les marchands de vins se dirent : Ne serait-il pas possible de surcharger les vins d'alcool et ensuite d'une barrique en faire trois? et ils le firent. Ils ne s'arrêtèrent pas là ; on fabriqua dans l'intérieur de Paris des alcools avec des pommes de terre, faisant ainsi du vin sans rien demander aux pays vignobles.

M. le Préfet de la Seine et M. le Préfet de police nous ont fourni de très-utiles et très-curieux renseignemens; par exemple celui-ci : En 1824 il n'y avait à Paris que trois mille marchands de vin, il y en a maintenant plus de six mille. La population a beaucoup augmenté depuis cette époque ; pensez-vous que la consommation du vin soit plus grande ? Non, Messieurs, elle est la même.

Lorsque nous nous sommes réunis à Paris, il y avait quatorze dégustateurs pour six mille débitans, c'est à dire que ce n'était qu'à intervalles de quelques mois que chaque marchand recevait leur visite ; aussi était-ce une fraude continuelle. Nous demandâmes au ministre de fournir un plus grand nombre de surveillans ; mais une difficulté se présenta : qui devait les payer, la ville de Paris ou le Gouvernement ?...... Nous demandions au ministre une soixantaine de dégustateurs et une plus active surveillance aux barrières. Nous avons recherché également s'il n'y aurait pas bénéfice à diminuer les droits d'octroi : si nous l'obtenons dans la capitale, peut-être l'obtiendrons-nous partout : ce serait d'un grand avantage. Je tenais à donner des explications, je demanderai la parole plus tard, si cela me paraît nécessaire.

Ces détails sont écoutés avec intérêt par l'assemblée, qui, sur la proposition de M. le Président, vote des remerciemens au Comité vinicole qui s'est formé dans le sein de la Chambre des Députés.

M. le comte de la Myre-Mory lit un rapport sur les voies de communication, chemins de fer et canaux.

MESSIEURS,

Aux nombreux et justes griefs, si souvent déduits dans nos réclamations, nous devons ajouter celui du délaissement dans lequel se trouvent nos provinces, sous le rapport des voies de communication que l'on multiplie avec tant de luxe, depuis dix ans, dans le nord et dans l'est de la France.

Depuis la Seine jusqu'à la Meuse et l'Escaut, depuis l'Allier et la Loire jusqu'au Doubs et au Rhône, partout des voies navigables qui relient entre eux les bassins de nos grandes rivières, de telle sorte qu'un chargement fait au Havre pourrait aujourd'hui, par le moyen de la navigation intérieure, déboucher à son choix dans la mer du Nord, à Dunkerque, par les canaux dans la même mer, à Wézel et à Leyde par le Rhin, dans la Méditerranée, à Marseille, par l'Yonne, le canal de Bourgogne, la Saône et le Rhône-

Reportons-nous maintenant vers l'Ouest et le Midi, que verrons-nous?

Tout y reste encore à l'état de projet, ou bien se trouve oublié. Rien n'a encore été tenté pour relier entre eux les bassins de la Loire, de la Charente, de la Gironde et de l'Adour.

Ce grand port de commerce qui se nomme Bordeaux, assis sur deux de nos grandes artères fluviales, ne peut encore faire pénétrer ses barques de transport vers le centre de la France, au-delà du département limitrophe de la Dordogne. Tout récemment, la navigation de la Garonne elle-même, à l'état de nature, était mise en question pendant plusieurs mois de l'année, et l'œuvre de l'immortel Riquet demeurait incomplète.

Hâtons-nous néanmoins de le reconnaître; depuis quelque tems, l'or est prodigué pour terminer cette belle ligne de la jonction des deux mers. Canal latéral à la Garonne, travaux énormes dans le lit de cette rivière, rien n'est épargné!.....

Pourquoi faut-il donc que nous ayons encore à nous plaindre de l'exécution même de ces travaux? Pourquoi, en circonscrivant sa prévoyance aux seuls intérêts de la navigation, l'administration des ponts-et-chaussées s'est-elle si peu préoccupée de ceux de la propriété? D'où vient qu'en rétrécissant ou en encombrant de digues le lit de la rivière, sans précautions convenables, elle a livré, sans s'en douter, j'en suis convaincu, à des chances d'inondation et de pertes plus fréquentes que par le passé, la seule portion de nos domaines qui n'ait pas eu à subir la dépréciation dont se trouve frappée aujourd'hui celle qui naguère était pour nous une source si abondante de richesses et une cause si légitime d'orgueil.

Si, des voies navigables, nous arrivons aux voies de terre, nous trouverons la même inégalité, le même oubli.

Nous serons encore les derniers, dans les pensées administratives, à être appelés à jouir de l'avantage des chemins de fer; et si, pour endormir nos trop justes plaintes, une ligne insignifiante et du plus bref parcours nous a été aumônée, son peu d'importance a provoqué de la part des Chambres le refus du secours demandé par la compagnie chargée de l'exécution, secours accordé d'ailleurs à tant d'autres plus favorisés ou plus heureux.

Et pourtant, qui, plus que nous, serait en droit de revendiquer une large part dans la distribution de ces importans travaux?

N'est-ce pas nous qui sommes chargés d'escompter aux propriétaires ou maîtres de forges l'énorme prime qu'un privilége exorbitant leur fait prélever sur les fournitures de fer dont ils ont le monopole? N'est-ce pas nous qui, en présentant nos denrées vinicoles sur les marchés de l'étranger, sommes chargés de porter tout le poids des représailles que provoque l'exclusion donnée à ses produits en faveur de ces mêmes fabricans de fer, qui ne craignent pas de proclamer que *loin de devoir être passager, leur privilége sera toujours une nécessité en France* [1].

Ainsi donc, partout un même déni de justice nous écrase, et c'est aux œuvres administratives qu'il peut être attribué.

Octrois des villes, lois de douanes, oubli dans la répartition des travaux publics, tout ici, de la part des hommes, semble concourir à l'envi pour combattre l'œuvre de la Providence, qui a rendu si féconde et si riche, sous notre soleil du Midi, une grève improductive partout ailleurs, et nous a ouvert la voie des fleuves et des mers pour exporter au loin par le commerce l'exubérance de nos précieuses récoltes.

Unissons donc nos voix, Messieurs, pour les rendre plus

---

1 Rapport de M. Léon Talabot, au Conseil général des manufactures, du 16 février. Page 6.

puissantes auprès du pouvoir et réclamer avec énergie et persévérance ce qui était dû à notre position comme une compensation au mal que nous fait depuis si long-tems une législation au moins imprévoyante et aveugle dans son injustice.

Que des canaux navigables nous mettent le plus promptement possible, par la jonction des bassins parallèles depuis l'Adour jusqu'à la Loire, hors de toute appréhension d'une guerre maritime, qui, dans l'état actuel, nous réduirait à l'insuffisante ressource du roulage pour l'exportation de nos denrées encombrantes

Que l'on réalise sans délai l'exécution des chemins de fer entre Bordeaux et Angoulème, entre Tours et Poitiers, de manière à nous mettre comme Lyon, comme Strasbourg, comme Lille et Bruxelles, à moins de vingt-quatre heures de la capitale.

Le jour est venu, Messieurs, de formuler nettement tous nos griefs, toutes nos justes prétentions, et d'en poursuivre avec un redoublement de zéle, la pleine, la complète satisfaction.

Tout est perdu pour nous, si, après avoir si souvent et si long-tems déclaré que les lois des hommes nous ruinent, nous nous résignons au silence, parce qu'il plaît à Dieu de nous envoyer, conformément à nos vœux, une année de disette que nous bénissons comme la seule voie de salut qui nous restât ouverte. Il faut le dire, les ventes faites depuis quelque tems, dans certains cantons, la plupart à bas prix, pourraient être pour plusieurs une raison d'arrêter nos démarches. Mais ces ventes effectuées ont-elles remplacé, pour les propriétaires, les pertes occasionnées par leur retard ? Ont-elles été faites en général à des prix assez avantageux pour donner un revenu quelconque? et la récolte prochaine, que promet-elle? Ce n'est qu'à son exiguité qu'est dû l'écoulement plus facile des récoltes précédentes.

Écoutez les voix de nos adversaires..... ils nous félicitent aussi de ce que nos celliers étant vides, nos plaintes ont reçu pleine et entière satisfaction. Mais nos celliers seraient-ils vides, la brèche énorme faite à nos fortunes se trouverait-elle réparée? Étrange position que la nôtre..... Il ne fallait rien moins qu'un malheur public pour nous rendre la vie... Et quelle vie, grand Dieu! C'est-à-dire qu'enfin quelqu'argent a pu passer par nos mains pour arriver bien vite dans celles de nos nombreux créanciers; mais qu'en est-il resté pour satisfaire pendant toute une année qui s'écoulera sans ressources (puisque nous n'aurons plus rien des récoltes passées et si peu de chose de la récolte prochaine); que nous restera-t-il, disons-nous, pour satisfaire à nos cultures et à l'entretien de nos familles?

Prenez-y garde, Messieurs, il y va de tout notre avenir. Nous avons entre nos mains, aujourd'hui, le salut du pays... ne le laissons pas périr........

Remercions Dieu du fléau de la disette arrivé si à propos pour mettre un tems d'arrêt à notre détresse. Mais rendons-nous bien compte de notre situation.

Que deviendrons-nous l'année prochaine?..... Les octrois et les douanes ne pèsent-ils donc plus sur nous? L'égalité des charges est-elle rétablie? Des lois plus justes nous ont-elles fait rentrer dans le droit commun? Tant que nous n'aurons pas obtenu tout cela du pays, nous ne pouvons, sans nous perdre, nous arrêter dans nos réclamations et nos démarches.

Ce rapport excite à plusieurs reprises les applaudissemens de l'assemblée entière.

M. Dézeimeris, député : Je suis prêt à adopter tout ce que vient de dire l'honorable préopinant; mais je signalerai une lacune. Il ne demande pas pour tous les pays vignobles : le centre de la France, auquel le département que je représente appartient, est, sous le rapport des voies de communication, aussi abandonné que l'Ouest. Je de-

demande donc que les conclusions du rapport comprennent tous les pays vignobles qui se trouvent dans la même position.

M. Constant, délégué du Puy-de-Dôme, réclame également pour son département.

M. le comte de la Myre-Mory dit qu'il est prêt à combler toutes les lacunes qu'on lui signalera dans son travail, qu'il a demandé qu'on reliât entr'eux les différens bassins de l'Ouest et du centre et que, nécessairement, les départemens pour lesquels on venait de parler se trouvaient déjà compris dans sa demande.

Les conclusions du rapport sont ensuite mises aux voix et adoptées à l'unamité.

L'ORDRE DU JOUR DE LA SÉANCE DU LENDEMAIN, 15 SEPTEMBRE, EST ARRÊTÉ AINSI QU'IL SUIT :

1° Rapport sur les contributions indirectes.

2° Rapport sur les octrois.

3° Suite de la discussion du rapport sur les douanes.

La séance est levée à cinq heures.

UNION VINICOLE.

ASSEMBLÉE GÉNÉRALE.

Séance du 15 septembre 1843.

Sont au bureau : MM. A. du Périer de Larsan, *président*; Castéja ; De la Myre-Mory ; E. de Bryas ; Vastapani ; Promis ; Vergez ; Brunet ; Pélissier, *secrétaire-général*.

L'assemblée est encore plus nombreuse que la veille. La vaste enceinte du Cirque est comble.

Toutes les tribunes sont occupées.

Parmi les députés de la Gironde qui assistaient à la séance d'hier, on remarque aujourd'hui M. Wustemberg.

A midi et demi la séance est ouverte.

M. le Président : L'ordre du jour appelle d'abord la discussion sur les contributions indirectes et les octrois.

Un membre demande la lecture du procès-verbal de la séance précédente.

M. le Président répond qu'il n'a pas été rédigé de procès-verbal ; que, du reste, les journaux l'ont fait eux-mêmes ; qu'un compte-rendu des travaux et des discussions de l'assemblée sera publié plus tard, et qu'à cet effet, un sténographe est dans la salle.

Un membre : Les journaux n'ont pas rendu compte des observations de M. Dézeimeris, on se sont trompés sur le sens de ses paroles ; il est donc nécessaire qu'il soit fait un procès-verbal.

M. de la Myre-Mory répond en lisant l'*Indicateur* du jour qui rend compte du discours de M. Dézeimeris d'une manière détaillée et exacte.

Quelques membres réclament un procès-verbal pour la séance du lendemain.

M. le Président répond qu'il sera tenu compte de ces observations.

M. Larrieu lit le rapport suivant sur les contributions indirectes.

MESSIEURS,

Les questions que je viens agiter à mon tour et les résolutions qu'elles doivent commander sont en quelque sorte primordiales. La discussion soulevée hier dans cette enceinte prouve que, dans l'ordre logique, elles viennent immédiatement après l'exposé de nos souffrances, en d'autres termes, qu'elles sont fatalement liées ensemble comme l'effet à la cause. De toutes les questions qui nous occupent, la plus grave, la plus positive, celle qui domine toutes les autres, et vous l'avez très-bien senti hier, c'est celle des contributions indirectes. C'est une des causes principales de notre ruine et, disons-le, l'obtacle le plus sérieux aux réformes que nous sollicitons.

Si l'ancienneté des abus pouvait en légitimer le maintien, la régie des contributions indirectes aurait des droits incontestables à la perpétuité ; ses titres, révisés par le gouvernement impérial, sous le titre de droits réunis, remontent en réalité à la création du célèbre et funeste impôt des aides. Il n'entre pas dans mon plan de vous faire parcourir la série des mesures inventées par le génie fiscal de nos pères pour assurer la perception de l'impôt établi depuis si longtems sur les boissons, et cependant ces études ne seraient pas sans intérêt ni peut-être même sans profit.

Si nous pénétrions dans cet arsenal de réglemens et d'ordonnances, nous retrouverions l'origine des moyens à l'usage de l'administration actuelle, tels que droit de vente en gros, droit de vente en détail, droit d'entrée dans les villes et bourgs, droit de navigation, droit de transit, droit différentiel selon que le vin arrivait à Paris par terre ou par eau, etc.

On ne comprendra pas qu'après deux révolutions et une restauration, qu'après trente ans d'un Gouvernement constitutionnel, de pareils abus se soient maintenus et que l'administration des contributions indirectes subsiste encore.

En présence du grand principe de notre pacte fondamental, l'égalité des charges, l'argument tiré de l'ancienneté de l'usage est sans valeur. Qu'importe, en effet, que, d'ordonnance en ordonnance et d'édits en édits, on puisse traverser des siècles et remonter jusqu'à Chilpéric, sous le règne duquel on trouve la première trace de la fiscalité appliquée aux boissons ; encore trouverions-nous que les dispositions organiques de l'industrie et du commerce des vins avaient été prises, dans l'intérêt de la propriété vinicole, pour régulariser ce commerce et l'environner de toutes les garanties que le propriétaire et le consommateur ont le droit d'attendre. Ainsi, l'ordonnance qui soumet les marchands de vins aux réglemens sur les corps d'arts et métiers, celle qui assimile les courtiers de vin aux autres courtiers de marchandises et leur interdit le commerce des vins, celle qui établit les offices de jaugeurs, marqueurs et mesureurs de vin, celle qui approuve les statuts des juris-vendeurs de vin, sont autant de dispositions arrêtées dans l'intérêt bien entendu des vignobles. Dès l'année 1312, sous Philippe IV, des lois rigoureuses contre la falsification des vins furent promulguées. Il est triste d'avoir à rappeler que la fraude les eût déjà rendues nécessaires.

Plus tard, sous Louis XIV et sous Louis XV, des restrictions furent apportées à la plantation de la vigne. On avait même interdit la culture de certains plants, d'un produit commun et trop abondant, de nature à déshériter le beau renom des vins de France par le double effet de l'exagération de la production et de l'abaissement de la qualité. Je ne mentionne ce fait que comme un témoignage de la sollicitude que notre industrie inspirait et non comme un remède qui ne serait pas en harmonie aujourd'hui avec nos habitudes de liberté et nos principes d'économie commerciale.

Même après la création de l'impôt des aides, lorsque le Dauphin, qui fut depuis Charles V, eut obtenu *une aide* des États-Généraux pendant la captivité du roi Jean, son père, nous voyons que des lettres-patentes (en date du 14 septembre 1576), reconnaissent que l'impôt de consommation ne doit porter que sur les objets de luxe et exemptent expressément du droit d'aide les blés, les vins, les laines et le sel, toutes choses considérées comme objets de première nécessité.

Enfin, Messieurs, au mois d'avril 1776, dans le but de diminuer les entraves qui s'opposaient à la libre circulation des vins, il fut rendu un édit qui, dans son art. 1er, abroge tous édits, déclarations et arrêts portant empêchement à l'entrée, au débit et à l'entrepôt des vins, au transport par terre, par mer ou par rivières des vins et eaux-de-vie du royaume.

Ainsi, bien que l'impôt sur les boissons fût considérable et que les mesures adoptées pour sa perception fussent plus ou moins sévères, on cherchait, de tems à autre, des tempéramens pour en modérer la rigueur. Il n'en est certes pas de même aujourd'hui, et nous sommes livrés au fisc sans réserve.

En effet, personne ici n'ignore qu'après avoir acquitté la contribution foncière de la classe la plus élevée, la vigne paie, dans ses produits, une multitude d'impôts divers sous les noms de passavant, d'acquit-à-caution, de droit de mouvement, droit de détail, droit d'entrée, droit de navigation, droit d'octroi, surtaxes, décime de guerre — après trente

ans de paix !—droit de licence acquitté par les marchands en
gros, par les marchands en détail, par les propriétaires qui
veulent eux-mêmes vendre leur vin en détail. L'examen de
ces diverses taxes et des formalités prescrites pour en assurer la perception, n'aurait quelque intérêt que par le rap-
prochement que nous pourrions faire de la législation actuelle avec la législation ancienne, qui a tant fait gémir nos
pères. Cette comparaison démontrerait jusqu'à l'évidence ce
que nous avons déjà dit, et il nous suffira de constater ce
résultat, que les contributions indirectes ont laissé bien loin
derrière elles les inventions fiscales des commis des aides.
Vous pourrez facilement vous en convaincre en parcourant
la législation sur les boissons depuis 1789. Si, au mépris de
l'article de la Charte qui reconnaît l'égalité des Français devant la loi et leur impose l'obligation de contribuer aux charges de l'État dans la proportion de leur fortune, l'administration des contributions indirectes s'est maintenue dans des
conditions exceptionnelles et presque arbitraires en ce qui
concerne les boissons, c'est qu'il est plus facile, Messieurs,
de reconnaître solennellement un principe qui frappe tous les
esprits par son évidence et sa justice que d'extirper des abus
qui ont pour eux la consécration du temps, et au maintien desquels tant de gens sont intéressés. Pourquoi toutes ces entraves, ces chaînes, ces impôts, ces tributs que les vins sont
obligés de subir ou de payer à chaque mouvement; pourquoi
ces droits qui le plus souvent excèdent la valeur de l'objet
imposé? Tous les autres produits du sol du pays restent libres
dans les mains du producteur. L'industrie, soit qu'elle trouve
ses matières premières en France, soit qu'elle les aille chercher à l'étranger, peut distribuer ses produits sur toute l'étendue du territoire, les faire circuler, les vendre, les livrer à
la consommation sans entraves ni taxes; les vins seuls sont
frappés de taxes exceptionnelles, et soumis à des règlemens
spéciaux qui les mettent, pour ainsi dire, en interdit dès le

jour de leur production, et les livrent sans retour à la surveillance active et tracassière des employés du fisc. Et qu'on
n'allègue pas les nécessités du trésor ; la vulgarité de cet argument ne peut en cacher *l'immoralité*. Les Gouvernemens,
pour subvenir à leurs besoins, ne sont pas plus que les individus dispensés de suivre les règles de la justice et de l'é-
quité.

Mais ce n'est pas seulement par rapport au propriétaire
qu'il y a injustice criante dans le régime des contributions
indirectes et violation de la charte ; cette injustice s'étend au
consommateur, tant il est vrai que lorsqu'on est une fois en-
tré dans les voies de l'erreur, on ne peut plus se soustraire à
leurs fatales conséquences. L'égalité proportionnelle, pres-
crite pour la contribution aux charges de l'État, n'existe pas,
dans ce système, entre les différentes espèces de vins, qui
sont tous frappés d'un droit uniforme ; et le malheureux
consommateur d'un hectolitre de vin d'une valeur de 20 fr.
paie au trésor le même droit que celui qui consomme un hectolitre de la valeur de 500 fr. Sous ce point de vue, il faut reconnaître, Messieurs, que notre cause est sainte et populaire ;
c'est la cause même de la classe la plus pauvre et la plus
nombreuse, et nous n'embrassons pas seulement, comme on
l'a prétendu, la défense de quelques domaines priviligiés,
nous parlons au nom de tous, et dans l'intérêt de tous. Si,
comme je l'indiquerai tout-à-l'heure, et comme il est aujour-
d'hui reconnu par tous les économistes, cet impôt, dit de
consommation, retombe en grande partie sur le producteur,
il est facile de comprendre que cette égalité des taxes, par sa
création sur les propriétaires de vignes, établit entre les producteurs de vins communs et les producteurs de vins fins une
différence de condition doublement injuste.

Ainsi, inégalité dans la contribution aux charges publiques,
la propriété vinicole supporte, au profit de l'État et des villes,
une surtaxe de 220 millions ; inégalité en égard à la valeur

des produits de la vigne, tous ces produits sont frappés d'un droit uniforme quoique de valeur bien différente ; inégalité encore, et celle-ci la plus déporable de toutes, dans la répartition de cet impôt indirect qui atteint les consommateurs les plus pauvres et les plus nombreux.

Cette disproportion dans les sommes payées au trésor par les différentes classes de consommateurs, et dont l'importance varie en raison de leur fortune, tendrait à fortifier l'objection présentée par nos adversaires, que l'impôt indirect est un impôt de consommation, puisque nous disons qu'il est acquitté dans des proportions différentes par les consommateurs. De deux choses l'une, — ou l'impôt retombe sur le propriétaire, et pourquoi prétendez-vous qu'il y a inégalité entre les consommateurs, — ou bien il retombe sur les consommateurs, et alors de quoi se plaignent les propriétaires ? Je n'ai pas dit d'une manière absolue que l'impôt indirect retombait tout entier sur le propriétaire de vignes ; j'ai dit qu'il retombait sur lui en grande partie, et ici il y a une distinction à faire. Il est certain qu'un droit de 50 fr. qui frappe une pièce de vin de 1,000 ou 1,200 fr., en atténue peu la valeur et n'exerce qu'une médiocre influence sur son prix ; mais lorsque ce même droit frappe une pièce de vin de 30 ou 40 fr., n'est-il pas vrai de dire que l'exagération de ce droit, aggravé encore par le droit de détail, produit ce double effet d'augmenter outre mesure le prix de consommation et de réduire le prix net de revient pour le propriétaire ? C'est ainsi qu'il est exact de dire que l'impôt indirect établi est une inégalité blessante, d'une part entre les différentes classes de consommateurs, et de l'autre entre les propriétaires eux-mêmes.

Sans aucun doute, l'impôt de consommation est le plus juste comme le moins contestable des impôts. Il a le double avantage d'être à la fois volontaire en ce que le consommateur peut le modérer en restreignant sa consommation, et d'être imperceptible en ce qu'il se perçoit partiellement, gra-

duellement, à toute heure. Nous sommes loin d'être les ennemis absolus de l'impôt de consommation; mais nous prétendons que, pour qu'il soit productif, il faut qu'il soit réparti
convenablement ; pour qu'il soit équitable, il faut qu'il soit
généralisé, et pour qu'il soit léger, qu'il atteigne la plus
grande masse de produits possibles. Or, il faut bien reconnaître que nous ne retrouvons pas ces conditions dans l'impôt indirect sur les boissons. Qu'on ne se méprenne pas
sur le sens de notre argumentation : nous n'attaquons pas
précisément la légalité de l'impôt indirect ; nous savons qu'un
impôt voté par les Chambres et sanctionné par le Roi est parfaitement légal dans le sens propre du mot, nous l'attaquons
dans son essence parce que c'est un régime exceptionnel, et
que nous avons la ferme conviction qu'en votant cet impôt,
les Chambres ont jusqu'à présent transgressé le principe posé
dans l'article de la Charte constitutionnelle.

Mais d'ailleurs, Messieurs, sommes-nous bien véritablement en France dans les conditions normales de l'impôt de
consommation pour les boissons? Suffit-il donc qu'un impôt
porte sur un objet actuellement consommable et qu'il soit
qualifié d'impôt de consommation pour qu'il rentre effecti-
vement dans cette classe d'impôts? N'est-il pas évident qu'ici
les conditions de l'impôt de consommation n'existent pas et
que cet impôt, par l'avilissement qu'il amène dans les prix,
retombe de tout son poids sur le producteur ?

En Angleterre, où les boissons, soumises aux taxes intérieures, sont l'objet d'une fabrication qui peut être étendue ou
restreinte selon les besoins de la consommation, la combinaison de ces taxes, avec les lois des céréales, en fait un véritable impôt de consommation. Mais, en France, quelle limite
voulez-vous apporter à la production générale? c'est là encore une condition qui rend pour nous l'impôt indirect plus
cruel et plus tyrannique, et que nos adversaires ont pourtant
le triste courage de nous opposer comme un argument. Qu'une

industrie quelconque soit frappée d'une taxe trop forte, —
et on l'a vu dernièrement dans la discussion sur la loi des sucres,
— elle peut à l'instant être supprimée et se soustraire ainsi aux
conséquences fatales d'un impôt ruineux ; mais nous, pouvons-
nous arracher nos vignes et renoncer tout d'abord à notre
industrie ? Si la chose eût été possible, elle serait faite depuis
long-tems, et alors, je le demande, quel fruit le Gouvernement eût-il retiré de ce régime funeste, comment eût-il
comblé le vide laissé dans sa caisse, par quelle autre industrie aurait-il remplacé cette industrie ruinée, comment aurait-
il subvenu aux besoins de nos populations ? On a prétendu
que notre production était trop considérable et que la culture
de la vigne avait pris une extension exagérée. Nous savons
aujourd'hui, et le fait qui se passe le prouve jusqu'à l'évidence,
que la trop grande production n'est pas la cause du mal,
que ce n'est pas à elle qu'il faut attribuer l'avilissement des
prix. On a fait justice enfin de cet argument spécieux. Mais
admettons que la culture de la vigne soit restreinte dans de
justes bornes, n'est-il pas vrai néanmoins que la condition du
propriétaire est fatale, que rien ne peut le dispenser de cultiver la vigne, de récolter son vin et de le vendre quand il en
trouve l'occasion ; qu'il n'est pas en son pouvoir de modérer
la production générale et que, fût-elle réduite de moité, tous
les droits dont on la frappera viendront en atténuer la valeur?
Cela nous paraît si élémentaire que nous aurions honte d'insister plus long-tems, et que nous confessons qu'il ne nous
a pas été donné de saisir comment on avait pu se méprendre
aussi long-tems sur la nature de l'impôt qui pèse sur les produits de la vigne.

Ici, Messieurs, nous aurions voulu vous présenter quelques considérations critiques sur cette assertion si généralement répandue et si légèrement admise par quelques économistes : *Le vin est une matière essentiellement imposable.* La
discussion de ce funeste paradoxe n'aurait peut-être pas été

inutile à la suite d'un article publié dans un journal quasi-officiel qui nous est parvenu hier [1], et où nous n'avons pas vu sans un vif sentiment d'indignation exprimer cette opinion qui n'est qu'une dérision amère, — que loin de nous plaindre, comme nous le faisions, nous devrions au contraire nous applaudir de la mansuétude d'une législation qui nous permet de consommer, sans les imposer, les produits de nos terres et de notre travail. Nous ne voulons pas abuser de vos momens et nous nous contenterons de vous recommander le résultat de nos plus sérieuses réflexions sur ce sujet. S'il est vrai de dire qu'il fut un tems où la vigne, par la richesse de ses produits, par les avantages qu'elle offrait aux propriétaires présentait une ample pâture à l'impôt, il faut reconnaître qu'aujourd'hui dans les conditions économiques où l'ont placée les tarifs de douane et les contributions indirectes, la vigne, loin d'être indéfiniment imposable en elle-même ou dans ses produits, a droit à toute la bienveillance et à toute la sollicitude d'un Gouvernement éclairé sur ses véritables intérêts.

Vous savez toutes les entraves apportées par l'administration des contributions indirectes à la circulation de nos produits et, par suite, à toutes les transactions commerciales ; serait-il possible, Messieurs, que ce ne fût pas là le plus grand des maux qu'elle nous a causés et que nous eussions un autre grave reproche à lui adresser ?

Si, par les vexations de toute nature, elle nuit à la liberté et, par conséquent, au développement du commerce qui ne vit que de liberté, par l'énormité des droits qu'elle perçoit, elle a donné naissance à la fraude, elle l'entretient et l'encourage. L'administration des contributions indirectes n'est pas plus habile à développer les rigueurs de la loi que la fraude n'est ingénieuse à créer des moyens de l'éluder. On peut dire que le génie de l'une aiguillonne le génie de l'autre. Le zèle

[1] *Journal des Débats* du 13 septembre.

et l'activité des employés ne sert qu'à stimuler le zèle et l'activité des fraudeurs. De telle sorte qu'aujourd'hui, c'est moins à réprimer la fraude qu'à la prévenir que doit tendre la législation, et ce but, elle ne l'atteindra qu'en supprimant les causes qui l'ont fait naître Ces droits énormes sont pour l'ouvrier une tentation permanente de les frauder et de se procurer ainsi un salaire qu'il n'obtiendrait que par un travail pénible et assidu ; car la fraude récompense largement ceux qui la pratiquent. Ainsi, aux habitudes laborieuses et régulières se trouvent substitués l'oisiveté, le mensonge, la tromperie et tous les vices qui en sont la conséquence, qui démoralisent les populations en leur donnant des besoins que le tems rend tous les jours plus impérieux , et que les institutions les plus sages ne peuvent plus extirper. Une autre conséquence fatale de l'exagération des droits et de la fraude qu'ils ont fait naître, c'est l'extinction de la spéculation et, par suite, l'avilissement excessif des prix. Les capitaux des spéculateurs, ce levier si puissant pour notre industrie, se sont détournés de nos produits, dont ils soutenaient la valeur, pour se reporter sur d'autres d'une réalisation plus prompte et plus facile. Et cela se comprend, gêné dans son action, par toutes les entraves que lui impose l'administration des contributions indirectes, le négociant honnête, le spéculateur consciencieux, ne peut lutter contre le fraudeur qu'il rencontre sur tous les marchés, et dont toutes les combinaisons ont pour objet d'éluder le paiement des droits. Je voudrais vous faire entrevoir comment les restrictions apportées à notre consommation et à notre commerce intérieur ont nui à nos exportations ; la spéculation étrangère comprimée comme les capitalistes Français ; la Belgique conservant religieusement le système que lui a légué l'Empire, tous les gouvernemens enfin renchérissant sur nous , et imposant sans réserve nos vins que nous reconnaissons no us-mêmes une matière si éminemment imposable.

Disons, en terminant, que nos attaques ou plutôt nos critiques portent sur le principe, et non sur ceux qui l'appliquent; au-dessus et au-delà des hommes qui passent, il y a des erreurs légales qui se transmettent et se perpétuent pour le malheur du pays. A celles-là, guerre à outrance.

De tout ce que j'ai eu l'honneur de vous dire, il résulte que, pour rentrer dans le droit commun, le Gouvernement n'a que deux moyens; la suppression des contributions indirectes ou leur extension à tous les produits du sol et de l'industrie. Notre argumentation indique suffisamment notre préférence pour le premier de ces moyens, et ce n'est qu'avec répugnance que nous formulerons la proposition relative au second. En effet, Messieurs, pour être plus général, le régime des contributions indirectes en sera-t-il moins vexatoire? Pouvons-nous bien, nous autres qui en ressentons les effets cruels depuis si long-tems, provoquer l'extension de ce système odieux, proposer d'en élargir les bases et de l'appliquer à tous les produits de notre pays? Ne serait-ce pas jeter une sorte de déconsidération sur notre cause que de réclamer une aussi triste faveur, j'allais presque dire vengeance? Et cependant, Messieurs, si les besoins du trésor sont si impérieux qu'il ne puisse songer à supprimer un impôt qui lui rapporte plus de 120 millions, il faut bien reconnaître qu'il y aurait au moins de l'équité à en diminuer la charge en le généralisant, et à soulager ainsi une industrie si importante sur laquelle il pèse de tout son poids; nous vous l'avons déjà dit, nous ne repoussons pas, d'une manière absolue, le principe de l'impôt indirect, pourvu qu'il soit sagement et proportionnellement réparti; l'injustice n'est que dans l'exception, et souvent la tyrannie dans la forme. Aussi, à défaut de l'abolition des contributions indirectes, si nous demandons la généralisation de ce système, nous ne la demandons qu'avec les modifications que cette généralisation elle-même comporte; et, en terminant, rappelons au pouvoir cet axiòme d'économie politique', qu'une loi d'impôt hostile aux contribuables rend les contribuables hostiles à l'impôt.

Voici, Messieurs, les deux résolutions que je suis chargé de vous soumettre.

L'assemblée générale des délégués des propriétaires de vignes arrête que le Gouvernement, la Chambre des pairs, la Chambre des députés seront instamment priés de rapporter, tant à l'égard des propriétaires qu'à l'égard du commerce des vins, toutes les lois exceptionnelles antérieures au postérieures à la Charte et que la Charte réprouve; de plus, de prendre toutes les mesures nécessaires pour arriver à la prompte abolition des contributions indirectes sur les boissons.

Et subsidiairement, si le Gouvernement juge cette abolition impossible, il sera instamment prié, en étendant ce régime à tous les produits du sol et de l'industrie, d'alléger le fardeau intolérable qui pèse depuis tant d'années sur la propriété vinicole, et de rendre ainsi les charges égales pour tous.

M. Tachousin, délégué du Gers, demande la parole pour appuyer le rapport.

M. le Président fait observer qu'il serait plus convenable d'entendre d'abord les membres qui voudraient en combattre les conclusions.

M. Constant, délégué du Puy-de-Dôme, à la tribune :

Messieurs, je ne viens pas combattre les conclusions du rapport, seulement je crois qu'il serait nécessaire d'indiquer au Gouvernement les moyens qui pourraient lui permettre d'accorder ce que nous lui demandons. Il ne faut pas se dissimuler qu'il ne renoncera à un impôt qui lui donne des revenus considérables et certains qu'autant qu'il aura les moyens de les remplacer. Il faut donc chercher ces moyens. Je conviens que la solution du problème est difficile, permettez-moi d'émettre quelques idées à cet égard.

Plusieurs membres : c'est au Gouvernement lui-même à chercher un système.

M. le Président : Laissez l'orateur s'expliquer; vous répondrez après.

M. Constant : Il me semble, Messieurs, sans prétendre autre chose qu'indiquer ce qu'il serait possible de faire, qu'on pourrait rétablir le système des licences le jour où l'on supprimerait l'impôt indirect. Mais les licences ne couvriraient pas tout le déficit; car l'impôt indirect donne 66 millions, et les licences en produiraient tout au plus trois. Comment donc combler le déficit ? On pourrait imposer les autres produits du sol et les grever à leur tour dans la même proportion que le vin. Nous devrions nous occuper nous-mêmes d'un pareil travail; et présenter des projets, car il ne faut pas s'attendre à ce que le Gouvernement s'empresse de le faire lui-même.

Plusieurs systèmes se présentent : quelques personnes ont pensé qu'on pourrait établir un impôt direct; des économistes prétendent que ce système n'est pas sage et qu'il vaut mieux faire peser l'impôt sur la consommation. Mais ici c'est toujours le producteur qui supporte l'impôt, quoiqu'il ne le paie pas lui-même; mieux vaudrait peut-être changer cet impôt et chercher une combinaison par laquelle le producteur paierait de ses propres mains sous le titre d'impôt direct. (Marques générales d'impatience.)

L'orateur, au milieu des conversations particulières et des cris : *Assez ! assez !* établit des calculs par lesquels, en mettant sur les terres un impôt direct de 1 franc par hectare, on obtiendrait au moins 40 millions. Il réclame aussi une société d'assurance contre la grêle qui enlève si souvent les récoltes; il voudrait que le Gouvernement devînt le grand assureur afin qu'il y eût garantie réelle pour les assurés. L'orateur descend de la tribune en disant qu'il ne fait part de ses idées à l'assemblée qu'afin que d'autres plus habiles que lui s'en emparent et les fécondent, ou cherchent même, à son exemple, des moyens de remplacement.

M. Princeteau : Je demande l'ordre du jour. — Demander la parole pour l'ordre du jour, c'est s'engager à démontrer qu'il ne faut établir de discussion que sur les conclusions du rapport. On vient de vous indiquer certains moyens de remplacement des contributions indirectes; je ne vous engage pas à vous lancer sur cette voie; nos amis, en cette circonstance, font comme nos adversaires, dont ils suivent le dangereux exemple. Toutes les fois que nous avons réclamé, on nous a dit de proposer des moyens de remplacement. Savez-vous pourquoi? Pour nous faire perdre du temps en discussions stériles, pendant lesquelles on ne nous accorderait rien. (C'est vrai ! applaudissemens.) Messieurs, ces applaudissemens ne sont pas pour moi, je ne les accepte que par procuration; je dois les rendre à qui ils appartiennent; voici comment s'exprimait M. de Mosbourg, à qui j'emprunte ces idées :

« Ne pouvant pas contester l'évidente justice de nos réclamations, on voudrait nous engager à porter la discussion sur des théories d'impôts qui peuvent toujours donner lieu à de grandes controverses, et armeraient contre nous les intérêts de ceux qui se croiraient menacés de nos propositions.

» Nous n'aurons pas la maladresse de nous placer sur un si mauvais terrain, nous savons trop bien qu'en s'attachant à combattre nos plans, on se croirait dispensé d'examiner nos droits, et ce sont nos droits seulement que nous avons à établir; le reste est l'affaire du Gouvernement.

» Si nous avons démontré que les charges dont nous sommes grevés sont exorbitantes, que la Charte les réprouve, qu'il nous est impossible de les supporter plus long-tems, il demeure en fait établi que les impôts sont injustement répartis, et l'impossibilité d'une répartition meilleure ne peut pas être admise.

» C'est aux ministres à proposer cette meilleure répartition.

» Tous les élémens de combinaisons qui peuvent la produire sont entre leurs mains.

» Notre droit étant de demander justice, leur obligation est de nous la rendre.

» Imposer au contribuable le soin de modifier ou de répartir les contributions, ce serait lui déférer une des branches les plus importantes de l'administration publique, un des devoirs les plus difficiles du ministère; ce serait se décharger sur lui d'une responsabilité qu'on accepte en acceptant le pouvoir. »

Je demande donc l'ordre du jour et la discussion sur les conclusions du rapport.

M. Tachousin, délégué du Gers, demande à présenter quelques observations sur le remplacement de l'impôt. (*L'ordre du jour! l'ordre du jour!*) Eh bien, Messieurs, puisque vous pensez que ce n'est ici le lieu, ni l'occasion d'émettre mes idées, je prends l'engagement de publier une brochure sur cet important sujet : un ministre me l'a déjà demandée, je la ferai.

Quelques membres demandent à présenter divers systèmes de remplacement; l'assemblée se refuse à les entendre.

M. Berton, délégué du Lot, a la parole pour modifier les conclusions du rapport.

6

Messieurs, je sens la nécessité d'insister pour qu'on ne parle que sur les conclusions du rapport que vous venez d'entendre. Oui, notre fléau c'est le système d'impôt qui pèse sur nos produits. J'en veux la réforme, mais je crains que le ministère en nous demandant des projets de remplacement, ne nous tende un piége et ne vienne ensuite, comme on l'a dit, nous opposer les uns aux autres. Nous, représentans de la propriété du Midi, nous devons nous borner, ce me semble, et ici je me permets une modification aux conclusions du rapport, nous devons nous borner à solliciter l'abolition du système des impôts indirects. Pourquoi? parce que ce système est l'esclavage de nos propriétés. Du moment que nous avons récolté, nous devrions être libres de disposer de nos produits, et l'Etat et les villes ne devraient pas pouvoir nous en demander compte.

La seconde partie du rapport a cela de dangereux, qu'elle alarmera tous les propriétaires, en disant : Abolissez les droits-réunis, ou taxez tous les produits.—C'est une proposition imprudente; il me semble qu'il suffirait de demander le changement du système, sans poser une alternative. Je sais bien que vous la poserez toujours cette alternative, mais il n'est pas habile de le faire aussi ouvertement.

Me résumant, je demande donc, qu'on réclame purement, simplement, la réforme ou l'abolition du système.

M. Joret, délégué du Gers : Messieurs, à chacun la responsabilité de ses œuvres. C'est moi qui, le premier, ai émis l'avis de remplacer l'impôt indirect par un impôt direct sur les vignes ; je demande à expliquer mes motifs. (*Non, non*).

M. le Président : Il n'y a que les conclusions du rapport qui puissent être l'objet d'une discussion.

M. Princeteau : Mais, M. le président, il n'a encore été rien mis aux voix ; l'assemblée n'a pas décidé si elle ne voulait pas entendre les développemens du système de remplacement.

M. le Président reconnaît son erreur.

Plusieurs membres demandent la parole pour la position de la question.

M. Constant, à la tribune : Je propose de nommer une commission chargée d'élaborer un système pour remplacer le plus avantageusement possible l'impôt indirect. — Il demande à développer cette proposition. (Vives réclamations).

De toutes parts : l'ordre du jour !

M. le Président : Le Comité a l'honneur de vous présenter des conclusions ; divers orateurs ont parlé de systèmes de remplacement ; l'assemblée a déjà manifesté quelque répugnance à s'engager dans une discussion sur ces systèmes : je dois la consulter pour savoir si elle persiste dans ces dispositions.

Que ceux qui sont d'avis de procéder à la discussion et à l'adoption des conclusions du rapport, veuillent bien se lever.

L'assemblée presque entière se lève et manifeste ainsi son intention de n'écouter aucun système de remplacement.

Il faut, dit *un membre*, écouter la proposition préalable.

La question préalable est adoptée.

Un amendement est proposé par M. Berton, le voici :

« La commission demande l'abolition des contributions indirectes sur les boissons, comme étant contraires à la Charte. »

M. le Président relit les conclusions de la commission, afin qu'on puisse établir la discussion.

M. Desmirail a la parole sur l'amendement de M. Berton :

Messieurs, tout le monde est d'accord sur le système des impositions indirectes, qui est reconnu mauvais ; il faut scinder les conclusions du rapport, car, en entrant dans la voie subsidiaire, c'est-à-dire, dans la seconde partie de ces conclusions, nous indiquons au Gouvernement un moyen de nous tirer de cette mauvaise situation, et c'est nous écarter de la voie que nous voulions suivre. Il faut donc supprimer la dernière partie des conclusions du rapport.

M. Berton se range à cet avis, qui n'est en définitive que le sien.

M. Princeteau : M. Desmirail et M. Berton ne veulent que la première partie des conclusions du rapport. Je crois que le meilleur moyen pour faire arriver l'assemblée à conclure et à voter, c'est de mettre aux voix cette première partie ; si elle est adoptée il ne restera plus qu'à discuter et à mettre aux voix la seconde partie. (Adhésion générale.)

M. le Président relit le premier paragraphe afin qu'on sache bien sur quoi il faut voter :

« L'assemblée générale des délégués des propriétaires de vignes arrête que le Gouvernement, la Chambre des pairs, la Chambre des députés, seront instamment priés de rapporter, tant à l'égard des propriétaires qu'à l'égard du commerce des vins, toutes les lois exceptionnelles antérieures ou postérieures à la Charte, et que la Charte réprouve ; de plus, de prendre toutes les mesures nécessaires pour arriver à la prompte abolition des contributions indirectes sur les boissons. »

M. Hovyn, délégué de Guîtres (Gironde) : Messieurs, il me semble que la rédaction de ce premier paragraphe est vicieuse ; on dit : le *Gouvernement*, la *Chambre des Pairs*, la *Chambre des députés*. Il faudrait dire aussi le *Roi* ; mettez si vous voulez le *Gouvernement* tout seul, mais dès l'instant que vous nommez la Chambre des pairs et celle des députés, vous devez nommer également le Roi.

M. le Président : La commission sait trop bien la position élevée qu'occupe le Roi dans notre régime constitutionnel pour qu'elle ait pu avoir la pensée de l'exclure ; à cet égard, la commission pense comme l'honorable préopinant.

Un membre : La rédaction porte : le *Gouvernement*, la *Chambre des pairs*, celle *des députés* : on a proposé d'y ajouter le *Roi* : je demande, car tout le monde n'est pas encore d'accord sur la préséance des parties constitutives du Gouvernement entr'elles, je demande qu'on dise : *les pouvoirs constitutionnels de l'État.*

M. Hervé, député, veut parler de sa place.

A la tribune ! à la tribune.

M. Hervé à la tribune : Je n'ai, Messieurs, qu'une observation bien simple à faire : dire le Gouvernement, la Chambre des pairs et la Chambre des députés, c'est faire un pléonasme. Dans le langage constitutionnel, le *Gouvernement* comprend le Roi et les deux Chambres ; de sorte qu'en disant le Gouvernement, on dit tout. Si l'on veut tout distinguer, il faut dire : le Roi, les ministres, la Chambre des pairs et la Chambre des députés. Il est bien plus simple de dire : le *gouvernement du Roi*.

M. Faure : Mais c'est encore là un pléonasme.

Discussion confuse, interpellations diverses.

M. Hervé monte encore à la tribune, renouvelle ses observations et conclut à ce qu'on dise : *le Gouvernement*.

M. le Président lit le paragraphe avec cette modification : Le *Gouvernement*. Il est adopté.

M. le président donne lecture du deuxième paragraphe.

« Et subsidiairement, si le Gouvernement juge cette abolition impossible, il sera instamment prié, en étendant ce régime à tous les produits du sol et de l'industrie, d'alléger le fardeau intolérable qui pèse depuis tant d'années sur la propriété vinicole et de rendre ainsi les charges égales pour tous. »

Plusieurs personnes demandent la suppression de ce paragraphe

Un membre demande l'opinion de la commission sur la suppression.

M. Castéja: Vous allez, Messieurs, entendre un rapport sur l'octroi dont nous demandons la suppression en ce qui regarde les liquides, par le motif que, lorsque le vin et les esprits ont déjà payé l'impôt indirect établi au profit du trésor, ils ne doivent pas être frappés une seconde fois par un autre impôt indirect perçu au profit des villes. Cette discussion viendra en son temps ; en ce moment nous n'avons à nous occuper que de la contribution indirecte existant sur les liquides, en faveur de l'État. Par le deuxième paragraphe de nos conclusions à cet égard, nous demandons, pour rentrer dans l'égalité dont le principe est établi par la Charte, que l'impôt indirect soit réparti sur tous les produits de l'industrie et du sol, et que, par ce moyen, on fasse cesser la distribution actuelle de cette contribution qui ne frappe que certains produits, le nôtre plus particulièrement, ce qui est une violation flagrante de notre pacte fondamental, une monstrueuse illégalité. Nous n'avons pas réclamé l'abolition des impôts indirects, attendu qu'il faut demander une chose raisonnable, praticable, et que cette suppression ne le serait pas : vous seriez en outre à cet égard en contradiction avec les économistes les plus éminens qui considèrent l'impôt indirect, je ne dis pas sur le vin, mais sur toutes choses, comme le plus juste et le plus convenable. En effet l'impôt indirect, modérément et généralement réparti, ne s'applique qu'à la consommation. Sous ce rapport il est presque volontaire puisqu'on ne le paie que lorsqu'on consomme, et en proportion de la consommation de chacun. En Angleterre, dont le système financier pourrait à bon droit servir d'exemple à notre pays, l'impôt indirect est le plus abondant et à peu près le seul appliqué. Savez-vous, Messieurs, quelle somme il produit, sept cent millions environ, et personne ne s'en plaint, parce que la répartition en est habilement faite. En France il donne à peine cent vingt-cinq millions, et il paralyse la plus importante des industries, l'industrie vinicole sur laquelle il s'appesantit presqu'exclusivement.

Faut-il, pour cela, demander qu'il soit supprimé ! Non ; ce ne serait pas possible. Il faut réclamer, comme nous le faisons dans le second paragraphe en discussion, qu'il soit réparti sur tous les produits de l'industrie et du sol. De cette manière, il deviendra léger pour chacun et nous rentrerons dans la loi commune, dans la jouissance de l'égalité que le pacte fondamental nous assure.

On a pensé qu'en laissant subsister l'impôt indirect sur d'autres objets, on pourrait en affranchir les liquides. Ce serait appliquer à d'autres le régime d'exception contre lequel nous réclamons avec tant de force et de droit. Ce ne serait ni généreux ni constitutionnel surtout. Voilà pourquoi votre commission a pensé qu'elle devait conclure à ce que tous les produits de l'industrie et du sol fussent soumis à l'avenir aux charges de l'impôt indirect, qui n'a pesé jusqu'à présent que sur les liquides.

M. Dézeimeris : Je me trompe, ou l'assemblée ne s'attendait pas à entendre l'apologie des contributions indirectes, au moment même où elle venait de voter leur abolition. (Réclamation.)

M. Castéja : Je demande la parole après M. Dézeimeris.

M. Dézeimeris : Quant à moi, Messieurs, ce que je demande, ce que je réclame, c'est la suppression d'un impôt tout-à-fait en dehors de nos institutions constitutionnelles ; et j'espère que d'autres industries demanderont aussi l'abolition des impôts indirects ; je crois que le vote de l'assemblée est acquis dans toute sa latitude. Vous avez décidé que vous réclameriez pour que ces impôts disparussent et fussent à toujours abolis ; il faut maintenir ce vote et vous en tenir là. Serait-il convenable de proposer l'application sur d'autres industries, d'un impôt qui est l'objet de si vives réclamations de la part de la vôtre ? Non, Messieurs, cela ne se peut pas. Il est évident que les revenus que produisent les contributions indirectes devront se retrouver ailleurs ; les contributions directes devront les fournir. (Vives interruptions, réclamations universelles.)

M. le Président : Je vous invite au silence ; toutes les opinions doivent s'exprimer librement dans cette enceinte ; laissez l'orateur s'expliquer, d'autres orateurs se lèveront s'ils le veulent pour combattre cette opinion.

Peu à peu le silence se rétablit.

M. Dézeimeris : Messieurs, il y a un argument puissant à faire valoir pour la suppression de l'impôt indirect que vous avez demandée par le premier paragraphe de la proposition qui vous est soumise : c'est que cet impôt est injuste et inconstitutionnel. Si vous ne supprimez pas le second paragraphe de la proposition, vous renversez vous-mêmes tous les argumens que vous avez fait valoir pour l'adoption du premier. Quant à moi, je demande la suppression complète du deuxième paragraphe (L'assemblée est dans une grande agitation.)

M. *Castéja* monte à la tribune et dit : Je crois, Messieurs, que M. Dézeimeris ne comprend pas le sens de nos réclamations et qu'il ne fait pas une juste interprétation de la Charte. Nous n'avons pas dit et nous n'avons pu dire que l'impôt indirect était contraire à la Charte, car aucune disposition de notre pacte fondamental ne porte qu'il n'y aura pas d'impôt indirect. L'honorable préopinant se trompe étrangement à cet égard ; nous reconnaissons au contraire que tous les impôts votés par les chambres sont légaux et constitutionnels, et que l'impôt indirect consenti par les pouvoirs de l'Etat a, comme les autres impôts, le caractère de la légalité. Mais nous soutenons que sa répartition est inconstitutionnelle, qu'elle est en contradiction avec un article formel de la Charte, puisque s'appesantissant si lourdement sur nos produits, il n'atteint pas ceux des autres contrées de la France ; que dès-lors nous ne sommes pas les égaux de ceux qui ne supportent pas l'impôt indirect. L'exagération de l'impôt dont nous nous plaignons est portée à tel point, qu'il n'est plus un simple impôt de consommation ; car, il empêche la consommation, paralyse le produit dans les mains des producteurs, et devient ainsi un véritable impôt direct, s'ajoutant à celui que nous payons déjà.

C'est sous ces rapports que nous disons qu'il est inconstitutionnel, illégal, intolérable, au point de vue d'une législation proclamant en principe l'égalité entre les citoyens.

D'un autre côté nous reconnaissons, Messieurs, que l'État a besoin de ressources. Certes nous désirerions bien qu'il n'y eût pas d'impôts indirects, ni même d'impôts directs, si cela était possible ; mais puisque l'impôt est nécessaire, nous disons qu'il doit être réparti d'une manière équitable, et qu'il ne doit pas être payé dans le Midi plus d'impôts que dans le Nord. C'est pour cela que nous demandons qu'ils s'étendent à tous les produits. Je me résume et je dis :

Nous ne prétendons pas que l'impôt indirect soit illégal, puisque les chambres l'ont voté, mais nous disons que la répartition n'en est pas légale, puisqu'elle ne porte pas proportionnellement sur tout le monde. Nous ne demandons pas une suppression qui ne serait pas obtenue, mais une équitable répartition, en vertu de la Charte. Si chacun paie sa part égale de l'impôt, il appartiendra aux Chambres d'examiner si les charges sont trop lourdes, et d'en alléger le poids, mais nous voulons nous tenir, quant à nous, dans le cercle de la légalité et de la constitution, nous ne voulons pas usurper des pouvoirs qui n'appartiennent qu'aux représentans du pays. En insistant sur une plus équitable répartition de l'impôt, nous sommes dans notre droit, et nous devons l'obtenir.

M. Dézeimeris vous dit qu'on remplacerait l'impôt indirect par une aggravation de l'impôt direct. Gardez-vous bien, Messieurs, d'adopter un pareil système aussi contraire aux intérêts du Midi déjà si fortement grevé, qu'aux vrais principes de l'économie politique. L'impôt indirect bien réparti, appliqué avec modération et mesure, léger pour tous quand il sera généralisé, est, il faut le reconnaître, l'impôt le plus juste, puisqu'il ne doit atteindre que la consommation dans la proportion des besoins et de la fortune de chacun. (Vive approbation.)

M. Desmirail : Je suis complétement de l'avis de M. Castéja et je partage toutes ses vues sur la légalité et la nécessité de l'impôt indirect. Ainsi donc, sous ce rapport, aucune difficulté ; mais vous venez de décider que l'on n'indiquerait pas au Gouvernement les moyens de réparer le vide qu'apporterait dans sa caisse la suppression des impôts indirects qui pèsent sur les vins ; je crois qu'il faut s'en tenir à cette première partie des conclusions du rapport et abandonner le deuxième paragraphe qui est un moyen de combler le déficit.

M. Larrieu : Il me semble que l'honorable préopinant a tort de soutenir que l'assemblée ne peut pas adopter les conclusions subsidiaires de la commission : ce n'est pas un moyen nouveau qu'on propose, c'est le maintien même des impôts indirects.

Messieurs, je passe à un autre ordre d'idées. Il ne suffit pas, lorsqu'on veut supprimer les abus, de prendre une résolution en vertu de laquelle les abus sont abolis. Nous sommes unanimes sur ce point que le régime des impôts indirects est intolérable ; mais cela n'empêche pas la vérité et la justice des observations présentées par M. Castéja. Si vous voulez arriver à un point pratique, il faut adopter les moyens qui peuvent y conduire. Le Gouvernement a besoin d'argent, et ce n'est qu'en frappant les produits du sol qu'il en pourra trouver. (Le bruit des conversations particulières domine la voix de l'orateur.)

M. de Coursou, délégué : Je crois que l'assemblée doit s'en tenir à la décision qu'elle a déjà prise, et qu'elle doit supprimer le second paragraphe qui consacre l'existence des droits-réunis. Vous vous rappelez, Messieurs, l'époque où l'on créa ces droits odieux : les employés ne marchaient qu'à main armée, en nombre, appuyés par l'autorité, au milieu des pays soulevés contr'eux, et cependant c'était à une époque où la main du Gouvernement était ferme. En 1814, nous avons vu le peuple courir sur les bureaux d'octroi, les renverser, les brûler. En 1830, nous avons vu la répétition des mêmes scènes, manifestation énergique, incessante contre cet impôt. Il me semble que sous un Gouvernement populaire, l'opinion populaire, si souvent manifestée, devrait enfin recevoir satisfaction. Qu'on s'en tienne donc à la première partie des conclusions du rapport.

M. Vastapani, avec énergie : Messieurs, voulez-vous l'abolition prompte et sûre du régime des contributions indirectes sur les boissons ? (de toutes parts : oui, oui.) Eh bien ! maintenez le deuxième paragraphe.

Tant que vous serez seuls à supporter ce régime, n'espérez pas qu'il disparaisse ; il faut, si vous voulez en être débarrassés, que cette législation de fer cesse d'être exceptionnelle et qu'elle pèse sur tous les produits du sol et de l'industrie. Lorsqu'elle atteindra tout le monde, les réclamations seront unanimes et, croyez-le bien, en présence de ces manifestations répulsives, le Gouvernement ne sera plus embarrassé pour faire droit à la légitimité de vos griefs. (Bruyantes acclamations, bruit.)

Une voix : Vous voulez donc déclarer la guerre à toute la France ! Faut-il parce que vous souffrez que tout le monde souffre !..

M. Vastapani : Je ne veux déclarer la guerre à personne, je veux l'égalité dans les charges, rien de plus. Cette égalité vous la voulez tous, Messieurs, j'aime à le penser. C'est pour cela que je vous dis, que justice ne nous sera pas rendue si seuls nous restons en butte à l'impôt ; mais lorsque l'égalité existera, lorsque le régime que nous combattons tombera sur tous, alors, Messieurs, ce régime ne tiendra pas vingt-quatre heures ! (Applaudissemens.)

Je regrette que l'honorable M. Dézeimeris soit monté à cette tribune pour combattre la disposition du second paragraphe. Déjà en désaccord avec lui sur les principes économiques relatifs à la liberté commerciale, nous sommes divisés encore sur la question actuelle : nous aurons donc plus d'une fois maille à partir ensemble. (Interruptions nombreuses. Voix diverses : c'est une attaque personnelle.)

M. Vastapani. Je ne crois avoir dit rien de désobligeant pour l'honorable député de Bergerac. Loin de moi la pensée de vouloir attaquer sa personne. Je m'élève contre ses principes économiques, je suis dans mon droit et je continue.

On a dit que le deuxième paragraphe viole l'économie du premier ; nullement. Ce n'est pas l'abolition des impôts indirects en général que nous demandons dans le premier paragraphe. Nous demandons seulement la destruction du régime exceptionnel qui pèse sur les boissons, sur les boissons seulement, et rien de plus ; car nous pensons, avec tous les économistes, que les impôts indirects, *sagement et convenablement* répartis, sont ceux que les peuples paient le plus volontiers, parce qu'ils n'atteignent que les personnes qui veulent bien s'y soumettre, et qu'on n'est pas tenu d'aller les verser, à des époques déterminées, dans les mains du fisc, ce qui fait oublier qu'on les paie réellement.

Ne perdez pas de vue, Messieurs, que les impôts indirects fournissent la plus large part au budget de l'État ; les droits de douane, de timbre, d'enregistrement, de navigation, les droits sur les poudres, sur les cartes, sur les voitures publiques, etc., etc., sont des impositions indirectes. Si vous demandiez la suppression de ces impôts, sur quoi les feriez-vous porter ?.... Sur le sol évidemment ; la propriété foncière déjà largement grevée, supporterait donc toutes ces charges ; elle aurait donc à payer tout le budget, c'est-à-dire de 12 à 13 cent millions ! Personne ne peut raisonnablement avoir une pareille pensée. C'est cependant le résultat que nous prépare la proposition de M. Dézeimeris. Vous la repousserez en votant le maintien du second paragraphe. (Marques d'assentiment.)

M. Berton monte à la tribune, et parle quelques momens au milieu des cris : Aux voix ! aux voix ! répétés de toutes parts.

M. Desmirail : On s'écarte du véritable objet de la question. Je viens maintenir la demande que j'ai faite de la suppression du deuxième paragraphe des conclusions du rapport. Il faut ménager les intérêts de tout le monde ; et, au lieu de jeter un brandon de guerre à toute la France, se borner à dire : Nous sommes les seuls qui supportions tout le poids de l'injustice.

La clôture de la discussion est prononcée.

On met aux voix le deuxième paragraphe des conclusions du rapport, dont voici les termes :

« Et, *subsidiairement*, si le Gouvernement jugeait cette abolition impossible, il sera instamment prié, en étendant ce régime à tous les produits du sol et de l'industrie, d'alléger le fardeau intolérable qui pèse depuis tant d'années sur la propriété vinicole, et de rendre ainsi les charges égales pour tous. »

Le Président déclare que le paragraphe est adopté.

Quelques membres réclament et soutiennent que l'épreuve est douteuse. D'autres disent qu'il faut s'en rapporter au bureau, qui est placé convenablement pour juger s'il y a majorité.

M. le Président, après avoir consulté le bureau, déclare que le paragraphe est adopté.

M. Bretenet a la parole pour faire un rapport sur les octrois.

Messieurs,

Deux causes, émanant d'une source commune, l'esprit de fiscalité, ont entravé sur le marché intérieur l'écoulement des produits vinicoles et les ont frappés d'une mortelle dépréciation.

Ces deux causes sont :

1° L'impôt indirect qui les atteint exclusivement ;

2° Les droits perçus aux barrières des villes.

Impôts tous deux impopulaires, à des degrés différens il est vrai, mais également funestes pour nos intérêts.

L'expérience des dernières années prouve qu'il faut nécessairement leur attribuer l'état de gêne qui, chaque jour, se fait plus vivement sentir aux pays vignerons.

De 1791 à 1798 et même jusqu'en 1804, les vins circulaient librement dans la république. Point d'exportation possible, alors nous étions en guerre avec l'Europe entière ; au dedans, le pays était agité par de continuelles révolutions. La guerre étrangère, les révolutions intérieures, le malaise social qu'entraînent toujours après eux les bouleversemens d'un État sont, en général, pour toutes les industries des jours de crise et de dépérissement. La liberté donnée à nos produits nous sauva, et jamais à aucune époque, le fait est partout attesté, jamais l'industrie vigneronne ne parvint à un si haut degré de prospérité.

Depuis ce temps, l'impôt indirect fut établi, les barrières des octrois se sont élevées à l'entrée des grandes villes et les vins ont subi une dépréciation continuelle et graduelle.

On a cherché à expliquer cette dépréciation par un excès de production.

Rien de moins exact que cet aperçu. La production sans nul doute s'est accrue.

Mais la population s'est accrue aussi et dans une proportion bien plus considérable.

L'excédant des produits peut être porté par les calculs les plus élevés au sixième ; la population a été augmentée d'un quart.

En outre, l'aisance s'est rapidement développée.

Sous un régime libre, notre prospérité tout au moins se fût conservée, car le vin n'est pas un objet de mode qu'atteint un incompréhensible caprice, c'est une boisson saine et salutaire, recherchée de l'ouvrier, quand un prix trop élevé ne la lui interdit pas.

C'est donc à l'impôt indirect et aux droits d'octroi que nous devons la détresse de nos contrées, ce sont eux qu'il faut poursuivre de nos efforts ; que tous les intérêts qui se rattachent à nous, que tous ceux qui s'inquiètent de nos mouvemens, que tous le comprennent bien et qu'ils nous aident de leur influence. Le marché extérieur peut sans doute développer notre richesse, la liberté du marché intérieur peut seule la fonder.

M. Larrieu vient, dans un discours remarquable, de vous exposer les dangers de l'impôt indirect.

Permettez-moi quelques observations sur les octrois.

Les droits d'octrois se rattachent intimement à ceux perçus aux barrières des villes au profit du trésor.

Pour bien comprendre le mécanisme de ces droits, il faut d'abord expliquer ceux du trésor.

La France est arbitrairement divisée par l'administration en quatre grandes zones.

Ces zones sont déterminées par l'abondance et la cherté des produits vinicoles recoltés dans leurs limites ; de telle sorte que la première zone comprend les contrées où la récolte est abondante et le prix peu élevé ; la quatrième, les régions qui ne cultivent pas la vigne et qui sont éloignées des centres de production.

Le droit perçu par le trésor, s'élève progressivement de zone en zone; il est, pour la quatrième zone, double de celui perçu dans la première.

Les villes, en outre, sont divisées en sept classes d'après l'importance de leur population.

La première classe est celle des villes de 4,000 à 6,000 âmes, et ainsi progressivement; le droit s'accroit incessamment avec le chiffre de la population; la ville de septième classe paie un droit quatre fois plus élevé que celles comprises dans la première.

Ainsi, la population des villes et leur position territoriale, voilà les deux élémens d'après lesquels se déterminent les droits d'entrée prélevés par le trésor, et ils amènent ce résultat que si l'on compare les deux points extrêmes, l'impôt varie dans la proportion de 1 à 8.

Les droits d'octroi au profit des villes se modèlent sur le régime fiscal des droits d'entrée; les villes peuvent égaler leur tarif particulier à celui de l'État, et les communes même d'une population moindre de 4,000 âmes empruntent à ces dernières le chiffre de leur impôt sur les vins.

Les villes, en règle générale, ne devraient pas excéder, dans leur perception particulière, le droit perçu par l'État, mais la loi de 1816 leur laisse, sauf l'autorisation royale, le droit de surtaxer nos produits.

Le nombre des communes qui prélèvent un impôt sur les vins est de 1,070; le nombre de celles qui profitent du bénéfice des surtaxes, est de 438. Le chiffre total de l'impôt fourni aux octrois par les vins ou alcools est de 24 millions, (je néglige toute fraction) dans lesquels les surtaxes sont comprises pour 10 millions.

L'extrême liberté des surtaxes a prodigieusement grossi le chiffre de l'impôt; ses inconvéniens sont immenses.

Les villes présentent une vaste bigarrure de tarifs portés en dehors des limites de la loi, n'ayant d'autres règles que le caprice de municipalités souvent hostiles, toujours juges souverains. Ce sont elles qui décident de nos charges. Faut-il équilibrer leur budget, diminuer les charges personnelles des habitans, alléger ou même supprimer l'impôt mobilier ? Faut-il entreprendre quelque travail pour l'embellissement de la ville ? — Un accroissement de tarif sur les vins est le moyen ordinairement employé pour éviter tout embarras financier. Les surtaxes sont élastiques; on peut décupler le droit fixé par la loi, et l'ordonnance royale, toujours complaisante, sera empressée de sanctionner de tels abus, parce que l'Etat prélève un dixième sur le produit de l'octroi.

Ce tableau n'a rien d'exagéré ; des faits trop nombreux, des chiffres trop certains en attestent l'affligeante vérité. Il faut y ajouter un dernier trait : au mépris des lois et de la raison, quelques villes ont profité de cette facilité des surtaxes combinée avec l'élévation des tarifs, pour favoriser à notre détriment des industries indigènes ; on les a vues élever contre nos produits de véritables droits protecteurs et surpasser ainsi ces temps de barbarie où les provinces d'un même Etat étaient chacune gardées par une ligne de douanes. Le Gouvernement lui-même l'a reconnu et un ministre disait, il y a déjà longues années : « Ces sortes de taxes peuvent dans » certaines localités devenir prohibitives, ou tout au moins » repousser un objet recueilli au loin, au profit d'une produc- » tion analogue du pays, et dans ce cas les octrois, en cir- » conscrivant, en quelque façon, les limites de la consom- » mation, peuvent dégénérer en une sorte de ligne de douane » intérieure, au grand préjudice de la richesse publique et » de l'impôt. »

La vérité perce à travers l'excessive modération du langage commandée par sa position au Gouvernement quand il parle d'une des sources de l'impôt ; et cependant, depuis que ce rapport mémorable est écrit, combien le mal n'a-t-il pas fait de progrès ?

Malgré le mauvais vouloir dont nous sommes poursuivis, on a paru comprendre enfin l'impérieuse nécessité d'y porter remède, et la loi de finance de 1842 a supprimé, à partir de 1852 les surtaxes imposées aux vins par les villes et a décidé qu'à l'avenir une loi spéciale pourrait seule autoriser de pareilles aggravations.

Vous comprenez tous ce qu'a de dérisoire une pareille disposition qui remet à dix années la suppression d'une surtaxe injuste, odieuse, et qui, à une misère présente, ne trouve d'autre soulagement qu'une espérance réalisable à long terme.

La suppression immédiate des surtaxes est une mesure que la justice, le bon ordre et l'intérêt même bien entendu du trésor exigent impérieusement. Mais si l'on croyait avoir, par ce moyen, donné satisfaction à nos plaintes, on se tromperait étrangement. Ce n'est qu'un palliatif; nos misères ont des causes plus profondes.

Ramenez les droits d'octroi au tarif légal, vous laissez subsister sur le sol ces 1,070 barrières, arrêtant et frappant nos produits nationaux. Pour les vins, destinés souvent à une longue circulation, obligés d'aller chercher le consommateur bien loin du lieu de production, de pareilles entraves sont une cause de ruine. De quelque côté qu'ils se dirigent, ils se heurteront infailliblement contre un de ces mille petits États dont la France est ainsi hérissée. Ils seront forcés de passer en transit comme à travers un pays étranger, et on prélèvera sur eux, à chaque passage, un impôt de temps et d'argent que supporte avec impatience le commerce, qui, en définitif, retombe sur le propriétaire.

Ramenez le droit d'octroi au tarif légal, vous laissez subsister cette division en quatre zones, avec une élévation progressive de droits, c'est-à-dire que plus les vins sont déjà grevés de frais de transport, plus ils sont frappés d'un impôt considérable.

Vous laissez subsister cette division des villes en sept classes, avec une élévation progressive de droits. Or, c'est dans les grands centres de population, là où l'aisance est plus grande, les salaires plus forts, l'agglomération des ouvriers plus nombreuse, que les vinicoles doivent légitimement espérer un plus large écoulement de leurs produits. L'échelle progressive des droits annihile pour eux ces avantages que présentent les grandes villes.

Sous l'empire de ces droits mobiles, la consommation va s'abaissant de plus en plus, à mesure que le chiffre du droit s'élève.

Ainsi, d'après les calculs de M. Millet, dans les pays soumis à l'impôt le plus élevé, la consommation est de 84 litres par habitant; dans les départemens soumis aux moindres droits, elle s'élève à 177 litres : plus du double!...

Ainsi encore, regardez dans le Midi, dans le même pays, dans le même département, dans la même ville je puis dire, à la Croix-Rousse, le droit perçu est de 85 centimes l'hectolitre, la consommation est de 281 litres par habitant; à la Guillotière le droit augmente, il est de 1 franc 25 centimes, la consommation baisse, elle est de 259 litres; à Lyon, enfin, le droit s'élève brusquement à 7 francs 50 centimes, et la consommation tombe à 152 litres par habitant.

Au Nord, même résultat. Dans le département de l'Aisne, par exemple : à Soissons, le droit est de 1 franc 5 centimes par hectolitre, la consommation est évaluée à 205 litres par habitant; à Laon, le droit est de 2 francs 35 centimes, la consommation de 189 litres; à St-Quentin, le droit est de 6 francs, la consommation s'abaisse à 24 litres.

Il serait aussi facile qu'inutile de multiplier de pareils chiffres; ceux-là suffisent pour démontrer que la consommation suit les tarifs dans toutes leurs modifications.

Je n'insiste pas sur cette inégalité que rien ne justifie dans une même nation entre l'habitant des villes et l'habitant des campagnes, entre l'habitant du Nord, l'habitant de l'Ouest et l'habitant du Midi ; aussi je dis qu'un système qui a pour effet de ruiner le producteur, en privant le consommateur d'un produit utile, presque nécessaire, ne peut, quelle que soit son importance fiscale, résister long-tems à de légitimes réclamations, qu'il y a une profonde justice comme un immense intérêt pour le pouvoir à le modifier, à le détruire.

De toutes parts, en effet, on réclame des faveurs et des protections pour le travail national. Mais quelle industie est plus nationale que la nôtre ? Quelle répand avec plus d'abondance la vie et la richesse dans le pays ? Quelle est, pour le trésor, la source de plus abondantes moissons ?

Et quand nous ne demandons ni faveur, ni protection, mais seulement une juste liberté d'arriver au consommateur, quand nous démontrons que les entraves fiscales arrêtent seules notre essor et changent notre prospérité en une profonde misère, repousser nos supplications contre des lois iniques, serait nous pousser au désespoir.

Car les vinicoles ne peuvent enfin supporter outre mesure les charges de l'État et les charges des villes.

La combinaison de nos lois fiscales a pour effet de les leur imposer.

On dirait envain que les droits d'octroi sont un impôt de consommation payé par les habitans des villes et qu'eux ne se plaignant pas, nous avons mauvaise grâce à réclamer.

M. de Chabrol a répondu avec dédain à une pareille objection.

On la reproduit sans cesse, dans cette enceinte même, tout-à-l'heure, M. Berton la renouvelait, il faut donc en démontrer l'erreur.

Lorsqu'une denrée utile est frappée d'un droit nouveau, en règle générale et dans un état normal de l'industrie où les be-

7

soin de la consommation se balancent avec la production, il est universellement reconnu que l'impôt retombe par égale portion sur le producteur et sur le consommateur ; car, si celui-ci est pressé par ses besoins et ses habitudes d'acheter, il s'en peut dispenser cependant, et le producteur, lui, est contraint de vendre.

Cela est vrai quand la production se balance avec la consommation ; mais la vigne a ce malheur de ne se point prêter aux calculs de fabriques, la récolte est ce que Dieu la fait, il la faut écouler. Il est nécessaire que le vigneron vive, qu'il fasse cultiver, qu'il prépare des tonneaux, et qu'il achète aux diverses manufactures leurs produits pour ses besoins et pour ceux de sa famille ; or, alors la balance fléchit contre lui.

Les lois fiscales, l'exorbitance de ces droits établis aux lieux où sont les meilleurs débouchés, ont, nous venons de le prouver, restreint la consommation ; la balance, je le répète, fléchit contre lui, et ce n'est plus la moitié de l'impôt, mais la plus grande partie qu'il supporte.

Nous concourons donc ainsi aux revenus de villes qui nous sont étrangères et nous fournissons le quart environ de leurs meilleures recettes ; je le demande, par quelle étrange justice rejette-t-on sur nous un si énorme fardeau ? Puis à ces énormes charges légales viennent s'ajouter d'autres charges encore qu'engendrent des droits exagérés.

Je veux parler de la fraude, cette fille des mauvaises lois, qui déprave les populations, nuit à la santé des consommateurs en paraissant ménager leur bourse, nuit au producteur en substituant ses produits à ceux d'une lucrative et déloyale concurrence ; la fraude qui, pour Paris seulement, représente de 400,000 à 500,000 hectolitres, c'est-à-dire le sixième de la production totale du département de la Gironde.

Considéré en lui-même, le système des droits d'entrée et d'octroi aux barrières des villes entrave outre-mesure la marche des nos produits ; son inégalité est calculée de façon à fermer nos plus riches débouchés, et l'exagération des droits, qui en est la conséquence, restreint la consommation et rejette sur nous l'impôt presque tout entier que les citoyens des villes devraient seuls payer ; il nous est fatal encore , car il engendre et nourrit la fraude.

Ces vices sont inhérens au système tout entier et leurs désastreux effets causent la ruine des propriétaires. Toute modification partielle nous paraît donc impossible. Leur anéantissement est pour l'industrie vinicole une impérieuse nécessité.

Que d'injustice dans ce système de droits d'octroi, si vous considérez l'ensemble de la législation qui nous régit !

Tous les produits agricoles en France, le sucre et le tabac exceptés par des raisons qu'il n'entre pas dans mon sujet d'examiner, tous les produits, après avoir acquitté l'impôt foncier, circulent francs de droits ; pour eux liberté et protection !

Tous les objets manufacturés, après avoir acquitté l'impôt de douane sur la matière première, circulent librement ; pour eux encore liberté et protection, protection même exagérée.

Pour les vins, un impôt foncier plus élevé et un continuel asservissement dans leurs moindres mouvemens ; impôts indirects de toutes sortes qui les grèvent de toutes parts !

Où donc est l'égalité des charges ?

Puis quand ils ont ainsi acquitté l'impôt foncier plus qu'aucun produit agricole ; quand ils ont, seuls des produits manufacturés , acquitté l'impôt indirect, s'ils arrivent aux portes des villes, ils auront à supporter de nouveaux impôts encore.

Un pareil état est complètement anormal ; il ne peut durer, il le faut changer.

L'autorité des hommes les plus versés dans les matières de finances vient corroborer ici le témoignage de la raison. Écoutons M. le marquis d'Audiffret : « Quand une taxe est établie » au profit de l'État sur une matière d'un usage général, le

» tarif doit en être calculé de telle sorte qu'elle n'excède nulle
» part les limites auxquelles elle peut être portée sans nuire
» essentiellement à la consommation, et, par conséquent, à
» la production. Mais si des taxes locales sont tolérées ensuite
» sur la même matière, l'équilibre est aussitôt dérangé, toutes
» les combinaisons faussées. »

Et c'est un principe hautement proclamé à la tribune par
un ministre : « que tout produit, imposé au profit du trésor,
» ne devrait jamais, à quelque titre que ce soit, l'être une se-
» conde fois. »

Je n'ajouterai rien à ces graves paroles ; seules elles justi-
fieraient les décisions suivantes qu'au nom du Comité j'ai
l'honneur de vous proposer.

L'assemblée des propriétaires de vignes est d'avis :

1° Que les surtaxes établies au profit des villes sur les vins
et alcools soient immédiatement supprimées ;

2° Que tous droits d'entrée et d'octroi sur les vins soient
supprimés dans un délai déterminé et par une réduction progressive.

Ne vous arrêtez pas, Messieurs, aux obstacles qu'on pourrait vous présenter.

Ces mesures sont justes, elles sont nécessaires, vous avez
droit de les exiger.

Dans l'état actuel, l'initiative ne part pas du sommet, mais
de la société toute entière, et ces grandes et pacifiques manifestations auxquelles notre détresse nous oblige d'avoir recours, ont pour objet de tracer à vos députés la marche que
vous désirez leur voir suivre.

Vous avez pu remarquer hier dans les franches explications
qui vous ont été données par l'honorable député de la Charente, M. le baron Lemercier, avec quelle réserve, quelle
hésitation, tranchons le mot, avec quelle faiblesse les députés du Midi, abordent en général ces questions vitales pour
nous.

La fermeté et l'unanimité de vos décisions leur donneront un peu plus d'énergie pour combattre d'injustes résistances, la précision de votre langage leur dira clairement: Soyez forts vis-à-vis du pouvoir et nous vous soutiendrons, et nous marcherons avec vous, sinon, non.

M. Berton demande la parole pour un fait personnel: Lorsque j'ai parlé des octrois, je n'ai point voulu approuver leur exagération. Je m'associe de tout mon cœur aux conclusions de la commission, et je le prouve par un passage d'une brochure que j'ai publiée; je vous demande la permission de vous le lire.

« On a fait revivre au dix-neuvième siècle une institution fille de la féodalité et qui remonte à l'époque où les communes affranchies, d'une part, de l'autre les hauts barons, se rançonnant mutuellement, établissaient aux portes des bourgs et des villes cernés de remparts, une lutte d'exaction et d'avanies. Nous avons désigné les octrois. »

Personne ne demandant la parole, les conclusions du rapport sont mises aux voix et adoptées à l'unanimité.

Un membre: M. le président, il faut consigner dans le compte-rendu de la séance que notre vote a été unanime.

M. Hubert-Delisle: Bordeaux a l'honneur de posséder dans ses murs une belle représentation; Bordeaux doit avoir un autre honneur, c'est celui de proclamer le premier les principes que vous venez de poser. Je vous demande un vote d'assentiment pour que le Conseil municipal de Bordeaux soit invité à marcher le premier dans la voie que vous venez d'indiquer.

Pour beaucoup d'entre vous, cette proposition paraîtra neuve; mais pour le département de la Gironde, ce n'est que la suite d'une imposante manifestation dans laquelle nous avons vu une grande partie des communes du département adresser des réclames au Conseil municipal de Bordeaux. C'est donc le Conseil municipal de Bordeaux qui, par notre manifestation de ce jour, est appelé à entrer dans la voie que nous avons indiquée. Vous savez que lorsque nous demandons l'abolition ou l'abaissement des tarifs des droits d'octroi, c'est toujours la ville de Bordeaux que l'on jette en avant: on parle toujours des droits pesans qu'elle perçoit. Eh bien! Messieurs, je dis que dans notre situation, la ville de Bordeaux doit être la première à pratiquer la réforme. Ensuite, Messieurs, nous, Bordelais, en majorité dans cette assemblée, nous devons l'exemple.

Je demande donc que l'assemblée réclame la suppression des droits d'octroi de notre ville et invite le Conseil municipal à procéder le premier à cette importante réforme.

M. Faure : Je dois dire que la ville de Bordeaux ne sera pas la première à prendre cette résolution. La ville de Narbonne a supprimé tous droits d'octroi depuis 1830.

M. Hubert-Delisle : Alors proposons à la ville de Bordeaux la ville de Narbonne pour exemple. (Bien , très-bien !)

Un membre : La ville de Toulouse va , dit-on , imiter Narbonne.

M. le Président : Messieurs : « L'assemblée émet le vœu que la ville de Bordeaux , à l'exemple de celle de Narbonne , procède à la suppression des droits d'octroi sur les liquides et que le Conseil municipal recherche les moyens de mettre à exécution cette mesure. »

La proposition est adoptée.

L'ordre du jour appelle la discussion sur les douanes.

M. Gout-Desmartres, délégué des Deux-Charentes : Messieurs , il y a une question préalable que je veux soumettre à l'assemblée. En toute chose, il faut considérer les voies et les moyens. Nous pourrons discuter ici de la manière la plus approfondie , prendre les résolutions les plus sages, émettre les vœux les plus sensés, que toutes ces discussions seront comme non avenues et sans résultat si une grande question n'est d'abord résolue.

Dans un Gouvernement représentatif, la partie agissante, les ministres ne peuvent rien sans le concours des deux Chambres qui font et défont les ministres. Eh bien ! s'il est vrai, comme je le crois, que les Chambres soient indifférentes et même hostiles à nos intérêts si injustement abandonnés, à qui faut-il s'en prendre ? à la représentation nationale qui nous perd et qui, seule, pourrait nous sauver.

M. le Président : Je ferai observer à l'orateur, que la question qu'il traite a été réservée pour demain.

M. Gout-Desmartres : L'ordre du jour m'était inconnu et j'ignorais, comme presque tous les membres de l'honorable assemblée , que cette question dût être présentée et discutée; M. le président me l'apprend. Cependant, malgré son observation, je ne persiste pas moins dans ma proposition. Je ne pense pas que nous devions , que nous puissions même retarder la question la plus importante selon moi , celle qui domine tous vos débats et qui seule donnera vie à nos délibérations. Car si jamais nous pouvions envoyer à la Chambre des députés qui défendissent nos intérêts avec énergie et persévérance, ce ne serait pas dans un an, dans un mois, mais dans huit jours que nous aurions gagné notre procès. (Applaudissemens.)

M. Bretenet : Je demande le maintien de l'ordre du jour tel qu'il a été établi. Il a été décidé hier par l'assemblée, que la question des douanes serait attaquée immédiatement après la discussion sur les contributions indirectes et les octrois. Vous ne pouvez pas revenir sur cette résolution, je dirai plus sur cette promesse que vous avez faite après les observations de M. Princeteau et de plusieurs autres membres de l'assemblée.

M. Gout-Desmartres : Je soutiens qu'on a eu l'intention de réserver la question des douanes pour la dernière. Cette discussion dans laquelle nous ne serons peut-être pas tous d'accord, comme l'a prouvé hier l'honorable député de Berg'rac, pourra être très-longue ; elle nous occuperait non-seulement aujourd'hui, mais encore demain, et il serait alors très-possible, puisque demain est le dernier jour, que le tems nous manquât. Cela est si vrai, que la question des douanes n'a été renvoyée que par la longueur présumée des débats auxquels elle donnerait infailliblement lieu. Elle pourra être traitée, après celle que je présente, tout demain ; la question que j'appellerai *électorale*, doit l'être de suite et dans cette enceinte ; il faut que nos députés et ceux des autres départements qui sont ici, emportent chez eux la conviction bien arrêtée que nous exigeons de nos représentans qu'ils défendent sérieusement et énergiquement nos intérêts. (Approbations nombreuses.)

M. le Président : M. Gout-Desmartres est-il appuyé ? (*De toutes parts*) oui ! oui !

M. Roul, député : Il me semble, Messieurs, que les questions que nous avons déjà traitées et que celles que nous avons à traiter ont assez de valeur et d'importance par elles-mêmes, pour qu'on les examine dans l'ordre qu'on leur avait assigné. La question électorale est une question politique et d'une nature trop irritante pour que vous puissiez la traiter ici ; croyez-moi, Messieurs, écartons cette question. Nous sommes ici pour nous occuper paisiblement de nos intérêts matériels, nous leur devons tout notre tems. Je demande l'ordre du jour.

M. Gout-Desmartres (longs applaudissemens à son apparition à la tribune) : Messieurs, je vous remercie des applaudissemens que vous me donnez : je les accepte avec joie, car ce n'est pas à moi qu'ils s'adressent, mais à l'idée que je viens d'émettre au nom de tous de passer immédiatement à l'examen de la question électorale.

C'est, en effet, ce que nous avons de plus pressant à faire ; car, lorsque nous voyons les députés du Midi en majorité dans la Chambre, et tout-puissans s'ils voulaient se compter, ne devons-nous pas être surpris de nous trouver toujours sans soutiens et sans défenseurs ! Quoi ! le discours de la Couronne répète chaque année que la prospérité règne partout, que l'agriculture est en progrès, que le bien-être s'accroît, et pas un député du Midi ne prend la parole et ne proteste contre cette assertion menteuse !.... (Applaudissemens.)

Quoi ! pas une voix ne dit au pouvoir que les plus riches contrées de la France se ruinent, que toute une population souffre !... Je soutiens, moi, que la question que je propose est la plus importante de toutes. (Acclamations.)

M. le *Président*, au nom du bureau, déclare renvoyer à demain la question des douanes, afin qu'on puisse vider aujourd'hui la question électorale. (Marques de satisfaction sur tous les bancs.)

La parole est à M. Gout-Desmartres pour le développement de sa proposition.

M. *Gout-Desmartres* : Je suis heureux de voir l'intérêt que vous portez au grave sujet qui nous occupe. Je ne sache pas, en effet, que vous puissiez porter votre examen sur une question plus utile et plus vraie. Je vous disais tout-à-l'heure que, dans un Gouvernement représentatif, c'étaient les Chambres qui faisaient les lois. Le tems est passé où les ministres pouvaient dire, à l'exemple du monarque : L'Etat, c'est moi. Des deux Chambres, celle des députés est seule dévolue à la nation. C'est sur cette dernière que vous devrez agir quand vous serez appelés à user de vos droits de citoyen et à confier un mandat dont vous pouvez librement disposer.

Pendant les dernières législations, qu'avons-nous vu ? quelques réclamations, quelques tentatives, quelques pâles intentions.... mais au résultat, qu'a-t-on fait ? rien ou presque rien. Des traités de commerce ont-ils été conclus ? Les impôts indirects modifiés ? les octrois abolis et remplacés par des droits plus justes ? Non, Messieurs, à peine a-t-on daigné écouter nos plaintes. Cependant, si nous nous comptions et si nous comptions nos adversaires, nous aurions la certitude que la force est de notre côté, puisque de notre côté est le nombre. Chose étrange ! les majorités disposent, et le Midi, qui, dans la Chambre, est en majorité, voit ses droits niés ou méconnus. Quoi ! nos représentans, qui savent comme nous, mieux que nous, les maux que nous souffrons, n'ont encore rien obtenu ! Quoi ! pour la question vinicole il n'y a pas à la Chambre dix, vingt, mais deux cents députés! Depuis tant d'années, nous réclamons et nul n'a fait droit à nos justes demandes. Lorsqu'un ministre, M. Guizot, dit à nos délégués : « Soyez forts, et je vous soutiendrai. » ne trouve-t-on pas là une preuve évidente que nos députés n'ont rien fait pour nous et que nous ne sommes pas représentés? Messieurs, le seul moyen de changer cet état déplorable est dans le mandat ; je n'entends point par là le mandat impératif, ce n'est pas ma pensée. Mais je voudrais que nous tous ici présens nous prissions l'engagement, lorsque nous serons à la face du pays pour nommer de nouveaux représentans, de n'envoyer aux Chambres que des hommes sûrs ; alors ceux qui nous représentent aujourd'hui seront obligés d'abandonner leur mandat ou de nous soutenir. (Bravo! bravo!)

Messieurs, nous n'abandonnerons jamais ceux qui ont soutenu nos droits ; nous saurons, au contraire, les défendre envers et contre tous ; mais ceux qui n'ont rien fait, qui ont lâchement déserté nos intérêts, qui ont reculé devant les difficultés et abandonné leur poste à l'heure du combat, ceux-là ne doivent plus compter sur nous. Je fais abstraction des opinions politiques qu'il faut tenir libres et au-dessus ; il n'y a pas non plus besoin de mandat impératif, que je ne veux pour rien, mais nous devons émettre le vœu que tous les électeurs, avant de donner leur vote, exigent des candidats des promesses formelles qu'il leur soit impossible d'oublier. Pour cela, que faut-il? Il faut prendre ici un vote, j'espère qu'il sera unanime ; par ce vote nous adjurerons tous les membres de l'honorable assemblée d'user de toute leur influence, aux prochaines élections, pour que les électeurs fassent expliquer les candidats, et s'assurent s'ils sont dignes de nous représenter. (Oui! oui! on applaudit.)

Alors, à la première question qui se présentera, ne pourrait-on pas compter avec le Gouvernement? Je ne regarde pas si l'on est blanc ou noir, mais je veux savoir, au moment de la lutte, si nos députés ne nous manqueront pas. Oui, Messieurs, si nous prenons ce vote, je suis convaincu que nous obtiendrons enfin justice, et que lorsque le ministre verra notre députation forte et dévouée à nos intérêts, il dira : « Puisque vous êtes forts, puisque vous vous entendez, Eh bien! je suis fort moi-même. Je présenterai des projets aux Chambres et je les soutiendrai. »

A tout mal il y a un remède. Il faut fortifier le Gouvernement qui fait, dit-on, des vœux pour nous, mais nous ne pouvons le fortifier qu'en choisissant des représentans véritablement dévoués à nos intérêts. (Des marques nombreuses d'assentiment accompagnent M. Gout-Desmartres à sa descente de la tribune.)

M. Roul: Messieurs, quand j'ai cru qu'en introduisant ici les questions politiques nous nuirions aux intérêts matériels que nous devons défendre, je l'ai fait de bonne foi, et j'ai dit ce que je pensais; mais si l'honorable orateur avait voulu me comprendre parmi ces députés lâches qui ont déserté les intérêts de Bordeaux et du Midi, ce serait une grande injustice. Les reproches qu'il vient d'adresser à vos représentans ne peuvent me toucher, car j'ai toujours défendu avec ardeur les intérêts vinicoles; j'ai moi-même proposé à la Chambre l'abolition des octrois, et la loi adoptée dans la session dernière n'est autre qu'une proposition faite par moi il y a deux ans.

M. Gout-Desmartres à la tribune.

Quelques voix : Assez! assez!

Plusieurs membres : Parlez! parlez!

M. Gout-Desmartres : L'honorable M. Roul m'accuse injustement de l'avoir désigné parmi les membres qui ne remplissaient pas leurs devoirs. Je n'ai nommé personne; j'ai dit seulement, et je persiste à dire qu'il y a eu lâcheté de la part de plusieurs de nos représentans; mais j'ai reconnu que quelques-uns avaient compris nos droits et les avaient défendus. Nous n'oublierons ni les uns ni les autres, et je prie M. Roul de ne voir dans mes paroles aucun fait personnel,

M. Granier de Cassagnac demande la parole, et s'exprime ainsi au milieu d'un profond silence.

Messieurs, je viens appuyer la motion électorale qui vous a été faite, mais en l'expliquant. L'honorable M. Roul a pensé que cette motion serait de nature à nuire à vos travaux, en étouffant les questions d'intérêt matériel sous des questions politiques; je reconnais ce que sa pensée a de louable; mais je vais lui montrer ce qu'elle a d'erroné. Ce qu'on a nommé la motion électorale a précisément pour but dans ma pensée, de substituer devant les Chambres les questions de bien-être matériel, qui nous intéressent tous, aux déclamations qui n'intéressent personne. (Adhésion.)

Après avoir écouté les débats qui ont eu lieu dans cette assemblée avec tant de clarté, d'élévation et de talent, plusieurs personnes ont paru croire que votre œuvre était accomplie. Ce n'est pas mon opinion. Les populations qui vous ont envoyés ne vous verraient pas revenir avec la solution pratique qui est nécessaire à vos souffrances. J'ai la plus haute idée de l'intelligence et de la sagesse de cette assemblée! mais ses résolutions fussent-elles élaborées et toutes prêtes, avec ce qu'elles ont de fermeté nécessaire et de modération évidente, je ne saurais leur reconnaître ce caractère d'efficacité qu'en attendent ceux qui vous ont envoyés. Une fois vos délibérations prises, vos conférences terminées, vos avis imprimés, que vous reste-t-il à faire? Il vous reste, Messieurs, à les faire passer dans l'opinion publique, qui est une force dont vous avez besoin; et ensuite dans la loi, par les majorités législatives : c'est là le côté pratique de la question. Si vos résolutions ne devenaient pas une loi, à quoi serviraient-elles? Il faut donc ajouter à votre force, qui est celle du droit et du bon sens, la force de l'opinion publique et celle de la loi, et, pour cela, il faut ajouter à vos bras deux leviers puissans, la presse et la majorité. La presse, vous l'avez déjà ; le journalisme parisien vous a ouvert ses colonnes ; il n'est pas douteux qu'il ne vous donne dans ses sympathies une place égale à celle que vous occupez dans le pays. La majorité, Messieurs, il est encore, sinon facile, au moins possible de l'obtenir. C'est précisément dans ce dernier but que vous a été faite la motion électorale.

Faites-vous d'abord, Messieurs, une idée exacte et précise de la situation réelle des intérêts méridionaux au sein des Chambres. En face de vous se dresse la ligue redoutable des départemens du Nord, ligue agricole, manufacturière et marchande, conclue sur un terrain neutre pour tous les partis. Les départemens du Nord ne sont pas, politiquement parlant, autrement constitués que les nôtres ; ils présentent la même diversité d'opinions politiques. Vienne à la tribune une question de principes, les députés du Nord combattent sous leurs drapeaux respectifs; mais vienne une question agricole, manufacturière ou marchande, tous les dissentimens politiques s'effacent, et ces divers partis n'en forment plus qu'un.

Ici se présente la question de savoir si les intérêts des départemens du Nord sont essentiellement, nécessairement opposés aux vôtres. Je n'hésite pas à dire : non. Non, Messieurs, les intérêts des départemens du Nord, bien entendus, sagement appréciés, considérés du point de vue élevé de la politique, ne sont pas nécessairement opposés aux vôtres. On vous disait hier : « Pourquoi voudriez-vous ruiner les départemens du Nord, en supprimant des tarifs de douane qui les protègent contre l'irrésistible envahissement des industries étrangères? Les départemens du Nord sont le principal marché de vos vins à l'intérieur ; et loin de vouloir l'appauvrir et le restreindre, vous devriez plutôt l'enrichir et le développer. » On vous disait vrai , Messieurs , mais cette vérité avait deux faces ; et il faut remercier nos adversaires de la peine qu'ils prennent de trouver des argumens aussi bons pour nous que pour eux. Nous pouvons leur dire à notre tour : « Pourquoi voulez-vous ruiner le Midi, par le maintien des tarifs protecteurs, exorbitans , qui décuplent la valeur de nos instrumens de travail , et qui nous ferment , par représailles , l'entrée des nations étrangères ? Le Midi n'est-il pas le principal marché des produits du Nord à l'intérieur ; et pourra-t-il, si vous le ruinez, acheter vos draps, vos toiles peintes, vos fers, vos houilles , et tout ce qui fait la base de votre industre et la source de votre prospérité ? »

Ainsi, vous le voyez , Messieurs , à prendre sagement les choses , le Midi a besoin du Nord , et le Nord a besoin du Midi. (Mouvement d'adhésion.) Aussi, n'est-ce pas contre les intérêts réels, sérieux, légitimes du Nord que nous luttons ; nous luttons contre son avarice et contre son égoïsme ; avarice calamiteuse , même pour lui ; égoïsme mauvais conseiller et qui le mènerait à sa perte, si nous ne l'éclairions pas ; car le Nord en viendra à imiter ce roi antique qui fit le vœu impie et insensé de changer en or tout ce qu'il toucherait , et qui mourut de faim, le jour où son vœu fut entendu de la colère divine ! (Longs applaudissemens.) Voilà, Messieurs, quels adversaires vous avez dans les Chambres, en face de vous.

A côté de vous, se trouve le Gouvernement, un Gouvernement faible, comme tous les gouvernemens représentatifs ; car il ne possède en propre que ses bonnes intentions ; et pour le reste, il est à la merci des passions, des fantaisies, des volontés législatives.

A ce propos, je dois le dire ici, Messieurs, j'ai entendu avec étonnement et avec regret les plaintes amères qui se sont élevées dans cette enceinte contre ce qu'on a nommé le mauvais vouloir du Gouvernement. Je les ai entendues avec étonnement, car elles venaient d'hommes capables, d'hommes éminens par leur position et par leur intelligence, et qui ne pouvaient pas ignorer que, sous un régime comme le nôtre, le ministère propose et que les Chambres disposent Je les ai entendues avec regret, car ce n'est pas dans une assemblée comme celle-ci qu'on devrait être obligé de rappeler les marques récentes et non équivoques des bonnes volontés du Gouvernement à votre égard... (Longue interruption : Des voix s'écrient : Mais c'est une apologie du ministère)! L'orateur attend que le calme se soit rétabli et il reprend en ces termes :

Messieurs, je ne sais et ne veux flatter personne, pas même vous qui souffrez. J'ai rappelé des faits évidens : et si vous voulez permettre que je complète ma pensée, vous verrez que si je fais l'apologie de quelqu'un, c'est tout au plus de la vérité. Pour tomber dans l'exemple, le Gouvernement avait proposé une loi sur les sucres qui était mal nommée, et qu'on aurait dû appeler la loi de l'agriculture et de l'industrie méridionales. Eh bien ! le Gouvernement a vu tomber cette loi devant un amendement présenté par qui ? par des députés du Midi. Le membre le plus éloquent et le plus illustre du cabinet devait parler en faveur de la loi, et lui donner l'autorité puissante de sa raison ; eh! bien, M. le ministre des affaires étrangères s'est vu prier de renoncer à la parole, par qui ? par une réunion de députés du Midi ! (Sensation et bruit.) Pour dire là, Messieurs, des choses inattendues, je n'en dis pas moins des choses vraies ; et la ville de Bordeaux est mieux placée qu'aucune autre pour constater l'exactitude de mon témoignage.

Aussi, Messieurs, si vous voulez être justes, vous ferez deux parts des torts dont le Midi est en droit de se plaindre, et vous en prendrez une bonne pour vous. Surtout, vous ne rendrez pas le Gouvernement seul responsable de l'avortement de ses sympathies à votre égard. On a rappelé ici les paroles d'un ministre, qui aurait dit à vos délégués : « Soyez forts, et je vous soutiendrai. » Et pardieu ! oui, Messieurs, on vous soutiendra si vous êtes forts, c'est-à-dire si vous êtes unis et d'accord avec vous-mêmes. Mais que voulez-vous qu'on fasse pour vous, lorsque, tandis que vous vous plaignez ici, vos représentans repoussent là-bas les projets de loi qui vous sont favorables, et font douter ainsi de la réalité de vos maux et de la sincérité de vos doléances ? (Applaudissemens). Que voulez-vous que pense le Gouvernement dans une telle situation ? Comment, vous êtes ici à gémir sur la détresse de votre agriculture, et vos représentans, ceux que vous avez élus pour être vos organes, ceux qui ont votre confiance, votre estime, ceux qui sont sensés avoir votre pensée, protestent contre les mesures proposées par le Gouvernement en votre faveur, et vous vous plaignez qu'on vous abandonne ? Oui, Messieurs, vous êtes abandonnés, c'est vrai ; mais vous êtes abandonnés par vous, c'est-à-dire par vos représentans ; car, pour le Gouvernement, vos représentans ou vous, c'est absolument la même chose. Eh bien ! Messieurs, il faut faire cesser cette différence entre votre langage et la conduite de vos représentans ; différence étrange, regrettable et, on peut le dire, scandaleuse. (Approbation). C'est précisément ce que se propose la motion électorale que je suis venu soutenir.

Ici, messieurs, je touche à une matière délicate, qui veut être délicatement traitée. Je ne me reconnais le droit de faire la leçon à personne ; j'accepte et je proclame la conviction et la loyauté de ceux-là même dont je regrette la conduite ; mais la loyauté la plus manifeste et la conviction la plus profonde ne préservent pas toujours de l'erreur. Je ne dis point que vos députés ont trahi leur mandat, mais je dis qu'ils n'en ont pas eu, et il faut qu'ils en aient. (Approbation.)

Avant d'aller plus loin, Messieurs, laissez-moi vous dire qu'en cette occasion comme en l'autre, entre vos représentans et vous, comme entre vous et le Gouvernement, les torts veulent être partagés. Depuis treize ans que dure ce Gouvernement, vous n'avez demandé à vos députés que de vous faire de la politique, et ils vous ont fait de la politique (rires approbatifs); demandez-leur de vous faire de l'agriculture et du bien-être matériel, et il faut croire qu'ils vous en feront. La politique est sans doute une belle et noble chose ; mais elle vous tenait les yeux constamment levés en haut ; et vous ne voyiez pas en bas se produire et grandir les misères. Lorsque vos représentans sortaient du sein de vos réunions électorales pour se rendre au sein des Chambres, vous leur donniez toute sorte d'instructions sur vos principes ; vous ne leur en donniez pas sur vos besoins. Faut-il s'étonner qu'ils les aient méconnus ou négligés ? Non, le Midi de la France ne s'est pas encore appliqué à confier à ses représentans la défense expresse de ses intérêts matériels. (Réclamations sur un banc de l'assemblée, où se trouvent plusieurs députés). Je dis Messieurs, que si le Midi de la France a confié à ses représentans la défense de ses intérêts matériels, ce n'est pas d'une manière précise, générale, systématique, après examen de ses besoins. Or, c'est précisément ce qu'il faut faire, afin que les résolutions de cette assemblée ne restent point stériles, et qu'elles deviennent ce qu'il faut qu'elles soient pour être efficaces, c'est-à-dire afin qu'elles deviennent loi. Ainsi, Messieurs, laissez à vos représentans leurs opinions politiques ; que chacun d'eux conserve son drapeau : mais imposez-leur, mais demandez-leur un jour de trêve, en faveur des intérêts du Midi. Si vous n'atteignez pas ce but, vous n'aurez rien fait d'efficace pour les populations qui vous ont envoyés.

Pour atteindre ce but, Messieurs, il vous suffit des moyens que la constitution vous offre. On a parlé de la réforme électorale (mouvement d'attention) ; j'aime fort les réformes qui réforment, c'est-à-dire qui améliorent quelque chose ; il ne m'est point démontré que la réforme électorale soit, en général, dans ce cas. Pour ne l'envisager que dans son rapport avec la question qui nous occupe, je trouve que vous n'y avez aucun intérêt. Avec la loi électorale actuelle, si je ne me trompe, les députés sont principalement les élus de la grande et de la moyenne propriété ; vous ne gagneriez donc rien à diminuer votre influence en la partageant. Aujourd'hui, le député est aussi près de vous que possible ; il n'en serait pas de même si les droits électoraux descendaient au-dessous de votre niveau.

Quant au mandat impératif (interruption)... Messieurs, on a parlé ici du mandat impératif ; et ce m'est une occasion d'en dire deux mots, si l'assemblée le juge convenable. (Oui ! oui ! parlez !) Je trouve au mandat impératif deux inconvéniens : celui d'être illégal et celui d'être inutile. Il est illégal, car la Charte réserve aux Chambres le droit de délibérer et de voter des lois, et, avec le mandat impératif, ce droit serait dévolu aux électeurs. Il est inutile, car le mandat impératif impose aux candidats l'abandon de leurs opinions ; or, n'arrivez-vous pas au même but, par un meilleur chemin, en n'acceptant pour candidats que ceux qui professent les vôtres ? (Rires approbatifs.)

Pour résumer tout ceci, Messieurs, dressez votre programme agricole, industriel et commercial ; il aura naturellement pour base les délibérations de l'assemblée. Présentez-le avec fermeté à vos représentans actuels et à vos candidats à venir, afin qu'il soit leur règle. Présenté et reçu entre gens d'honneur, il sera nécessairement efficace. Aux députés qui soutiennent déjà vos intérêts matériels, il sera un encouragement nouveau ; pour ceux qui les combattent, car il s'en trouve à la Chambre, et il s'en est même trouvé ici, s'il n'obtient pas leur approbation, il obtiendra du moins leur silence, et ce sera déjà quelque chose. (Rires d'approbation).

Messieurs, l'opinion publique s'interroge à votre sujet ; on s'adresse partout une question, qu'on vous a sans doute adressée à vous-mêmes, et que m'ont faite plusieurs membres du cabinet, sachant que je devais avoir l'honneur d'assister à votre réunion ; c'est la question de savoir ce que vous vous proposez de faire et dans quel but vous êtes réunis ici. Messieurs, en adoptant la motion électorale, vous aurez nettement répondu. Vous n'êtes ici ni en oisifs, ni en déclamateurs, ni en brouillons; vous y êtes en pères de famille, remplis d'une légitime sollicitude pour le patrimoine de vos enfans; et quoique ce soit là un intérêt bien grand et bien sacré, vous y êtes pour d'autres intérêts plus grands et plus sacrés encore : vous y êtes en citoyens intelligens et résolus, qui ne veulent pas laisser périr l'agriculture méridionale et laisser tarir avec elle la source la plus abondante de la prospérité publique ; vous y êtes en tuteurs, en patrons, en amis de 12 millions d'ouvriers, dont la fortune dépend de votre fortune, et qui n'auront de pain qu'autant que vous en aurez.

C'est au nom de ces droits, de ces misères que vous êtes réunis ici : et vous n'en sortirez pas, vous n'en pouvez sortir sans rapporter à ceux qui vous envoient une de ces mesures concluantes qui consolent du passé en rassurant sur l'avenir. (L'orateur descend de la tribune au milieu d'applaudissemens prolongés qui l'accompagnent jusqu'à sa place.)

M. Roul : Je pense avec l'honorable orateur que sur la loi des sucres, le Gouvernement a été d'abord favorable aux intérêts du Midi; mais j'ignorais tout-à-fait qu'une députation, et surtout une députation de députés du Midi, eût fait des démarches auprès de M. le ministre des affaires étrangères, pour le prier de ne pas prendre la parole sur cette question, et je déclare ici, en ma qualité du plus âgé parmi les députés de la Gironde, qu'aucun de nous ne faisait partie de cette députation.

M. Granier de Cassagnac : Je n'ai nullement entendu désigner la députation de la Gironde, en disant que la ville de Bordeaux savait mieux qu'aucune autre les démarches faites auprès de M. le ministre des affaires étrangères. (Le nom de M. Dumont, député du Lot-et-Garonne, est sur toutes les lèvres.)

M. Princeteau : Messieurs, il y a dans le discours que venez d'entendre beaucoup d'habileté, quelques vérités que personne ne conteste et un grand nombre d'erreurs que je viens vous faire reconnaître. Ce discours peut se diviser en deux parties : l'une matérielle, et l'autre politique. C'est par cette dernière que je commence ma réfutation.

Si ce que dit M. Granier de Cassagnac était vrai, il faudrait regarder comme inutile tout ce que nous avons fait jusqu'à ce jour et tout ce que nous pourrions faire encore ; j'entends ce que nous pourrions faire auprès du Gouvernement par voie de réclamations, de pétitions, d'exposition de nos souffrances, de démonstration de nos droits. Tout cela serait superflu, car le ministère, dit-il, est dans les meilleures dispositions à notre égard ; peu s'en faut que l'honorable orateur n'ait affirmé que M. Guizot est plus vinicole que nous-mêmes. (On rit.) Ainsi, au lieu de nous livrer à de laborieux efforts, à de longs travaux pour éclairer la question, de nous réunir de tous les points du Midi, nous ferions mieux de nous occuper du choix de nos mandataires, de concerter entre nous des opérations électorales, et de travailler à fortifier la majorité ministérielle.

Messieurs, je crois bien que le scrutin pèse d'un grand poids sur l'esprit du ministère ; je crois bien que si la majorité de la Chambre nous était favorable, le Gouvernement ne négligerait pas autant nos intérêts ; mais aujourd'hui, dans l'état actuel des choses, je conteste que le ministère, ou, s'il faut nommer quelqu'un, que M. Guizot soit pour nous. Est-ce que si le ministère était pour nous, notre position resterait ce qu'elle est ? Est-ce qu'il ne ferait pas étudier sans délai et sans relâche les causes de nos maux pour y porter remède ? Est-ce qu'il ne présenterait pas aux Chambres des projets de loi réformateurs des systèmes ruineux que nous lui dénonçons inutilement depuis tant d'années ? Est-ce qu'il ne les soutiendrait pas avec cette ardeur et cette influence qu'il apporte au soutien des questions qui lui tiennent véritablement au cœur ? Ah ! Messieurs, si le ministère faisait pour nos intérêts ce qu'il fait pour les siens, notre succès serait assuré ; car, il ne faut pas dire, comme M. Granier de Cassagnac, que le ministère propose et que les Chambres disposent. Ce qui est vrai, au moins dans l'état actuel de la Chambre, c'est que le ministère propose et que le ministère dispose. Qui en douterait, Messieurs, après ce que nous voyons se passer au sein des Chambres, et quel est le projet de loi auquel le ministère ait donné un assentiment complet, sincère, actif, qui ait été rejeté ? (Réclamations.)

Messieurs, l'honorable M. de Cassagnac, dans son discours si remarquable, mais quelque peu ministériel (hilarité), n'a pas été interrompu. J'ose vous prier d'écouter avec le même silence la réfutation qui lui est due. (Parlez ! parlez !)

Je répète donc que je ne crois pas au dévoûment du ministère pour les vinicoles. Je demande ce qu'il a fait pour ces intérêts ! M. Granier de Cassagnac répond que le ministère a présenté la loi des sucres. Je l'accorde ; mais l'a-t-il soutenue ? Je le nie, et vous le niez tous. L'a-t-il au moins voulue, voulue sincèrement ? J'en doute, car ce qu'il veut sincèrement, il le soutient. Pourquoi M. Guizot n'a-t-il pas prêté à cette question vitale pour notre marine, notre commerce et nos colonies, l'appui de son talent et de son influence si rarement impuissans sur la majorité actuelle? M. Granier de Cassagnac vient de vous présenter les raisons du silence singulier gardé par le ministre dans cette circonstance si importante pour nous. M. Guizot voulait parler, mais il en fut empêché! Et quelle fut donc la puissance qui arrêta la parole de M. Guizot, prête à se faire entendre pour nous, et qui fit expirer sur ses lèvres l'expression de la tendre affection qu'il nous porte? Ce fut, dites-vous, ô prodige! un député, ou quelques députés les plus dévoués à nos intérêts qui le supplièrent de ne pas soutenir le projet du Gouvernement.

Ainsi, Messieurs, il se serait trouvé des députés du Midi, des députés des ports de mer qui auraient sollicité le silence du ministre dans la discussion d'une loi dont tous les ports de mer, toute l'agriculture méridionale, dont tant d'immenses intérêts attendaient le secours, — qui se seraient couchés au pied de la tribune, et qui auraient dit au ministre, prêt à y monter : « Pour parler en faveur de la loi des sucres, il vous faudra passer sur notre corps. » Je le crois, Messieurs, puisque M. Granier de Cassagnac l'affirme ; mais ce que je ne crois pas, c'est que M. Guizot ait eu beaucoup de peine à faire taire son dévoûment à notre cause, ait comprimé en lui de bien vives sympathies. (Assentiment dans l'assemblée.)

Non, Messieurs, il n'est pas possible qu'un ministre français, un chef de cabinet renonce à défendre des intérêts nationaux, parce que quelques députés lui en auraient adressé la prière. On ne persuadera pas cela à une assemblée sérieuse. Le ministre qui résiste souvent avec tant d'énergie à une opposition nombreuse et violente, n'est pas homme à céder devant une démarche sans importance, isolée et presque furtive. Si M. Guizot a été arrêté par une manifestation semblable, c'est qu'il n'avait pas besoin de l'être.

Le silence de M. Guizot reste donc sans excuse, et nous prouve clairement, suivant moi, que nous ne devons pas prendre au sérieux les assurances de dévoûment ministériel que M. Granier de Cassagnac nous a données.

Je n'en saurais voir de preuves plus significatives dans l'adhésion que le ministère a donnée à deux projets de loi dont l'insuffisance et l'inefficacité vous seront plus tard démontrées : la loi sur les alcools dénaturés et celle relative à la falsification des vins.

J'aborde maintenant la seconde partie du discours de M. Granier de

Cassagnac, à savoir que nous devons chercher à créer une majorité dans
la Chambre, parce que, si nous avons la majorité, le ministère accueil-
lera nos réclamations. Je suis, sur ce point, tout-à-fait de l'avis du
préopinant; je crois bien que si nous parvenions à envoyer aux ministres une majorité vinicole, ils ne la repousseraient pas, parce qu'on
ne met pas les majorités à la porte. (On rit.)

Mais cette majorité, avec laquelle le ministère consentirait encore à
gouverner, il ne faut pas compter qu'il nous aide à la former. Croyez-
vous, par exemple, qu'il nous accorde son appui aux élections prochaines, et qu'il emploie son influence à faire réussir nos candidats?
Non, Messieurs, il ne serait pas prudent de livrer le soin de nos intérêts aux bonnes dispositions que nous a promises M. Granier de
Cassagnac. Si vous m'en croyez, nous ferons nos affaires nous-mêmes.
(Hilarité. — Assentiment.)

Quels sont les moyens que nous devons employer pour introduire
dans la Chambre une majorité qui nous soit favorable? Suivant moi, il
n'y en a qu'un: c'est de n'envoyer que des députés, je ne dirai pas
seulement dévoués, mais qui ne soient pas dans une autre condition
que ceux qui défendent, loin de la Chambre, les intérêts vinicoles.
Ce qu'il nous faut, ce sont des mandataires qui n'aient pas seulement
des affections vinicoles, mais des intérêts vinicoles. Il faut, disons-le
nettement, qu'ils aient des vignes, beaucoup de vignes, trop de vignes.
(Rires et applaudissemens.)

Ceci est très sérieux, Messieurs; il faut, si nous voulons avoir de
bons députés, que leurs propriétés vignobles soient un embarras dans
leur fortune, comme elles en sont un dans les nôtres. Il faut que
nous trouvions dans leur position, identique avec la nôtre, les garanties de la constance de leur dévoûment, et de leur fidélité. Certes,
je ne nie pas les dévoûmens désintéressés, héroïques mêmes. Mais
je crains, parce que cela s'est vu, que les dévoûmens héroïques ne
cèdent quelquefois à la logique puissante et persuasive des ministères. (Hilarité générale.)

Reconnaissons donc l'insuffisance des dévoûmens en théorie; re-
cherchons ceux qui sont appuyés sur des intérêts matériels. Sur toutes choses, ne nous fions pas aux promesses; nous savons tout ce
qu'elles valent, et je ne sache pas trop un député du Midi qui, aux
dernières élections (preuve certaine des progrès de notre cause!),
ne se soit cru obligé d'introduire dans sa profession de foi une
certaine quantité d'esprit de vin. (Nouvelle hilarité.) Tous les

candidats, sans exception, n'eussent-ils pas un cep de vigne, protestaient d'un ardent amour pour nos intérêts : s'ils n'étaient pas vinicoles de fait, ils voulaient au moins l'être de cœur.

» Messieurs, si cette vive passion n'a été que passagère, si elle s'est calmée chez beaucoup, éteinte chez d'autres, les électeurs n'ont-ils à cet égard aucun reproche à se faire ? Je ne suis point disposé à faire ici le panégyrique des députés qui ont laissé détendre chez les élus la fibre vinicole qui vibrait si fort chez les candidats, mais les électeurs n'ont-ils pas facilité, aidé, justifié presque cette désertion de nos intérêts, ou cette mollesse à les défendre ?

» Reportez-vous au moment des élections. Au candidat on demande déjà des promesses ; à l'élu on fait la sommation de les tenir. Nos députés nous quittent chargés de demandes ; à peine à Paris, ils sont accablés de sollicitations. Seraient-ils, par caractère, éloignés des antichambres ministérielles, on les y pousse par la nécessité d'y remplir les missions que leurs solliciteurs leur ont imposées. — Si vous voulez qu'ils demandent, comment voulez-vous qu'ils refusent ! S'ils obtiennent pour vous, de quel droit leur feriez-vous le reproche d'avoir accepté pour eux ?

» Il dépend donc beaucoup de vous de conserver ou de compromettre l'indépendance du député. Ne le forcez pas à payer les faveurs par des suffrages ; ne faites pas de lui un demandeur de places pour les familles d'électeurs, parce que ensuite il demandera pour lui-même et vous ne pourrez pas vous plaindre, car il vous répondra : « J'ai » bien demandé pour vous ! »

» Messieurs, c'est sous ce rapport qu'il est juste de dire que notre sort est entre nos mains. Prenons la résolution de ne choisir, aux élections prochaines, que des hommes dont les intérêts soient réellement en souffrance comme les nôtres ; qui trouvent dans leur position même, le mandat impératif de nous défendre. Prenons l'engagement de respecter l'indépendance de nos députés, en ne réclamant d'eux rien qui puisse la compromettre auprès du ministère. » (Bravo ! bravo !)

M. le Comte D'Alton-Shée, pair de France: Messieurs, vous m'avez fait l'honneur de m'inviter à prendre part à vos délibérations ; je ne comptais demander la parole que sur la question des douanes ; mais quelques mots du préopinant m'obligent de vous présenter une seule observation. M. Princeteau a dit : Le ministère propose et le ministère dispose. C'est une étrange erreur. Si l'on vous eût dit : en politique, le ministère propose et dispose, je serais de cet avis, et cela se conçoit ; on ne gouverne aujourd'hui qu'avec des majorités. Mais, quand il s'agit d'intérêts, je crois qu'il faut dire avec M. de Cassagnac : Le ministère propose et les chambres disposent. J'ajouterai que, dans ce cas, la ligue des intérêts du Nord nous a offert mille exemples. Les députés les plus dévoués au cabinet, lorsqu'une proposition pouvait porter atteinte à leurs intérêts matériels, ont toujours voté contre, sans hésitation. Et Messieurs, il en est de même à la Chambre des pairs, pouvoir conservateur, pacifique et peu disposé à l'opposition, à moins qu'il n'en reconnaisse l'utilité et la nécessité ; mais un pair représente une localité, car enfin il est de quelque part, lui aussi ; vienne donc à la Chambre des pairs la question vinicole que vous agitez ici, elle y trouvera sinon d'habiles, du moins de dévoués défenseurs ; mais soyez-en sûrs, elle y rencontrera aussi d'habiles, de redoutables adversaires, et vous verrez les mêmes hommes qui sont d'habitude tout dévoués au ministère lutter contre lui avec la plus grande énergie, et il n'y aura pas de dévodment qui puisse les entraîner à parler contre leurs intérêts. (Marques unanimes de bienveillance et de considération.)

M. Billaudel, député. Dans la discussion qui s'agite devant vous, je ne prendrais pas la parole, si M. Granier de Cassagnac ne m'y avait en quelque sorte invité lui-même. En effet, Messieurs, ce n'est point le député qui parle ici, ni le délégué, je n'ai point cet honneur ; c'est le père de famille, c'est le propriétaire, c'est l'ami des travailleurs, des ouvriers dont je connais la position difficile, qui vient dire quelques mots seulement. M. Granier de Cassagnac nous a dit qu'avant son départ il avait vu les membres du cabinet, qu'il avait été interrogé et chargé... (Dénégations, interruption.)

M. Granier de Cassagnac : Je redresse les paroles de M. Billaudel. J'ai dit, d'une manière incidente, que plusieurs membres du cabinet m'avaient demandé ce que se proposait la réunion vinicole qui devait avoir lieu à Bordeaux. Mais, Messieurs, je n'ai reçu aucune mission, je ne suis rien qu'un journaliste, qu'un publiciste, ne voyez pas en moi autre chose.

M. Billaudel : J'accepte l'explication. Je dirai qu'à l'égard des classes ouvrières, je partage une grande partie des idées qui ont été exposées à cette tribune par M. de Cassagnac ; je pense qu'en faisant le bien-être des classes riches, nous ferons aussi le bien-être des classes pauvres. Mais l'honorable préopinant a cru voir le mal dans le choix de la représentation nationale ; il a dit, et un pair de France, M. D'Alton-Shée, a dit après lui, que le ministère *propose*, mais que les Chambres *disposent*. Ces deux discours ont déjà été réfutés par M. Princeteau, je demande seulement la permission d'ajouter quelques mots.

Lors de la discussion de la loi des sucres, moi qui n'ai pas l'honneur d'être l'ami des membres du cabinet, j'ai souvent quitté ma place pour m'approcher de ceux qui savent ce qui se passe, et qui connaissent les intentions des ministres. Eh bien ! il m'a été répondu, lorsque je témoignais quelque inquiétude sur le sort de la loi, que l'intention de M. Guizot était de prendre la parole. Voilà la vérité. M. Princeteau a donc raison quand il dit : quelques députés ne devaient pas pouvoir arrêter un ministre. Je dis moi-même au ministre, il y a deux ans, en présence de Messieurs les délégués vinicoles : « J'ai la conviction que si vous veniez devant la Chambre des députés porter la loi des sucres avec la résolution bien arrêtée de la défendre et d'en faire une question de cabinet, j'ai, dis-je, la conviction que vous auriez la majorité. » C'est alors qu'on nous dit ces mots, déjà répétés plusieurs fois : « *Soyez forts, et je vous soutiendrai.* » Mais, Messieurs, dans la dernière discussion, à l'occasion de la loi des sucres, le ministère n'a pas été ferme, il n'a point soutenu, devant la Chambre des députés, la loi qu'il avait présentée lui-même ; bien plus, il a défendu devant la Chambre des pairs un projet qui n'avait pas obtenu son assentiment dans l'autre Chambre.

Messieurs, dans la question électorale, je pense, moi aussi, que le Gouvernement *propose* et *dispose*; car, dans cette question, il y a un grand électeur, un électeur qui a 14 cent millions à sa disposition, qui fait voter un grand nombre d'employés, qui est le dispensateur de toutes les faveurs. (Rires et applaudissemens.) Je ne suis pas un brouillon, moi, je suis un père de famille ; je désire fortifier le pouvoir, et je dis que le pouvoir sera soutenu toutes les fois qu'il fera vibrer tout ce qu'il y a en nous d'humain, de français (Applaudissemens nombreux.) Mais, quant à la Chambre, Messieurs, elle est surtout composée par le grand électeur dont j'ai parlé, qui dispose de si grands moyens d'influence ; mais si ce grand électeur est véritablement le maître, nous pouvons donc dire avec vérité que le Gouvernement propose et qu'il dispose. A la Chambre des pairs, c'est bien différent ; on trouve là quelque indépendance, parce que ses membres sont nommés à vie et ont une existence politique qui ne peut pas leur être ôtée. Mais le Gouvernement peut dire au député : « Vote avec moi, je t'ai acheté et tu m'appartiens ; tu m'appartiens, car j'ai à ma disposition mes 14 cent millions d'impôts, tous mes fonctionnaires, et les faveurs nombreuses dont je puis disposer pour te faire nommer. » Voilà, Messieurs, ce qu'on ne peut pas dire à un pair inamovible.

Maintenant, je prierai M. de Cassagnac, lorsqu'il aura l'honneur de voir M. le ministre, s'il lui demande ce qu'il a entendu au sein de cette assemblée, de lui dire qu'il a vu des pères de famille, des propriétaires, qui font vivre plus de 8 millions d'ouvriers, des citoyens dévoués à l'ordre et aux institutions du Gouvernement, se concerter sur le moyen de mettre un terme à leur souffrance ; qu'il lui dise que nous ne voulons que des députés qui comprennent et défendent nos intérêts. (Applaudissemens.)

M. de Cassagnac : Je n'ai pas intention de répondre à tout ce qu'ont dit MM. Billaudel et Princeteau. Je ne fais pas de question politique. Je me trouve dégagé de tout intérêt personnel, et je n'ai aucune candidature électorale à me faire. Je n'ai qu'un mot à dire : c'est que j'ai, des honorables membres qui composent la Chambre des députés, une opinion meilleure qu'ils ne paraissent l'avoir eux-mêmes. (Bruit.)

Je ne crois pas, je ne peux pas croire, même après l'avoir entendu exprimer à cette tribune, que les députés soient des instrumens dont le ministère dispose. (Agitation dans l'assemblée.) Le grand électeur dont on vous a parlé ne fait pas toutes les élections, croyez-le bien ; car s'il les faisait, il y a bien des membres dans la Chambre qui n'auraient pas ses suffrages. (Hilarité générale.) Examinons ceci, Messieurs, sans exagération. Il est clair que les députés de l'opposition vous diront que vous ne serez jamais sauvés que par l'opposition ; moi, je vous dis que, s'ils s'unissent tous, vous pouvez être sauvés même par les députés de l'opposition. (Bruit.) Il faut voir, Messieurs, les choses comme elles doivent être vues ; est-ce qu'on ne peut pas soutenir un ministère sans compromettre son indépendance et sa dignité ? Certes, M. Berryer n'est pas soupçonné de ministérialisme, et cependant il a soutenu le ministère le jour de la discussion de la loi des sucres. Il y a des personnes qui ne veulent jamais croire à la sincérité du Gouvernement. Que voulez-vous que je leur réponde ? qu'elles restent incrédules tout à leur aise. Moi, je n'ai aucune défiance, je dis que sans réforme électorale, sans mandat impératif,

sans changement d'aucune sorte, seulement en donnant des instructions précises, formelles, à vos députés, vous arriverez à faire triompher vos intérêts, et je crois que c'est dans ce but que vous êtes tous
ici réunis.

M. Desmirail, délégué des colonies : J'avais demandé la parole lorsque M. de Cassagnac a dit qu'il connaissait la volonté du ministère
de défendre la loi des sucres. Dans la situation où je me suis trouvé
en cette circonstance, j'ai été à même de juger la conduite des députés de la Gironde; il ont déployé beaucoup de zèle et fait tous
leurs efforts pour amener une solution autre que celle qu'on a obtenue. Je ne parlerai pas de M. Berryer, l'éloge de ce grand orateur est
dans toutes les bouches; mais je dirai ce qui s'est passé dans cette
occasion.

Entre M. de Cassagnac et moi, il y aura cette différence, qu'il a défendu et que je raconte. (Très-bien.) Lorsque toutes les démarches ont
été faites pour présenter le projet de loi sur les sucres, et que la discussion est arrivée, le ministère, malgré toutes les instances des députés du Midi, a reculé sans cesse; enfin, au moment où le grand
orateur a pris la parole, M. le ministre des affaires étrangères, qui avait
dit quelques jours auparavant qu'il monterait à la tribune pour parler
en faveur du projet de loi, M. Guizot est resté muet ! Et vous savez,
Messieurs, de quel poids eût été dans la discussion ce talent admira-
ble, vous savez tous quel puissant entraînement sa parole exerce dans
les questions les plus difficiles et comme il enlève les majorités; mais
alors il cherchait où était la force dans la Chambre; il sondait de
l'œil cette assemblée, et sourd à nos interpellations réitérées il voulait s'assurer avant de prendre un parti, de quel côté pencherait la majorité. Car voilà sa politique, à cet homme, toujours se tourner du
côté le plus fort et jamais du côté le plus faible. (Mouvement.) Voilà
ce qui doit soulever toute notre indignation. Les paroles de M. de Cas-
agnac, disant que c'était la faute des députés du Midi si M. le ministre
des affaires étrangères n'avait pas pris part à la discussion, m'ont donc
étonné.

Messieurs, pour donner maintenant de la force aux intérêts du Midi,
pour leur donner cette énergie qui leur est nécessaire, je dis qu'en
effet il y a quelque chose à faire dans la loi électorale, et quelque chose
à faire aussi au jour des élections. Les orateurs qui m'ont précédé ont
parlé de moyens à employer pour arriver à avoir des députés qui représentent nos intérêts; cette pensée est bonne, mais il faut la for-

muler. N'y aurait-il pas lieu à donner plus d'extension à la loi électorale ? Je ne vois pas dans les manifestations qui ont été faites une pensée à laquelle on puisse se rattacher. Je voudrais quelque chose de plus positif, de plus net, de plus clair ; une réforme, en un mot, qui nous donnât des députés qui s'unissent à nous de cœur, de volonté, d'intérêt. (Marques nombreuses d'assentiment.)

M. Princeteau : Je suis au milieu des intérêts vinicoles ; je n'ai pas eu besoin de faire 150 lieues pour venir réciter des protestations de dévoûment à cette cause. (Oh ! oh !) Je viens vous dire : Il nous faut prendre l'engagement de ne choisir pour nos représentans que des hommes qui, par leur opinion et leur position, aient un intérêt puissant à nous défendre. C'est le but de la proposition que je vais vous soumettre :

« L'assemblée prend la résolution de n'appuyer dans les élections
» que des candidats qui, par leurs opinions économiques bien con-
» nues, et surtout par leur position matérielle, aient un intérêt réel et
» considérable au succès des réformes réclamées par les propriétaires
» vinicoles, et qui s'engagent à déclarer au ministère qu'ils ne l'ap-
» puieront qu'à la condition qu'il prenne immédiatement l'initiative
» de ces réformes. »

M. Gout-Desmartres : Un seul mot sur la rédaction que vient de vous soumettre M. Princeteau.

Messieurs, je crois qu'il faut écarter tout ce qui pourrait ressembler à un mandat impératif que semble renfermer la proposition de M. Princeteau.

L'orateur propose une autre rédaction qu'il abandonne bientôt après, sur les observations qui lui sont adressées.

M. le Président : Messieurs, la résolution que vous allez prendre est excessivement grave ; je vous propose, pour avoir le temps d'en mûrir la rédaction, de la renvoyer à demain.

M. Gout-Desmartres, avec vivacité : Non, Messieurs, cela ne se peut pas. Je vous conjure d'en finir aujourd'hui, il faut aller aux voix tout de suite. (Oui, oui ! aux voix ! aux voix !)

M. le marquis de Bryas : L'assemblée demandant que la discussion soit fermée, il faut mettre aux voix la rédaction de M. Princeteau. (Aux voix ! aux voix !)

Plusieurs orateurs proposent des amendemens et se présentent à la tribune pour les développer ; mais les cris : Aux voix ! aux voix ! empêchent de les entendre.

M. le président maintient qu'il faut écouter les amendemens qui sont présentés.

M. Constant, à la tribune, propose une rédaction qui n'est pas appuyée et dont nous ne pouvons saisir les termes, tant l'agitation est grande dans l'assemblée.

Quelques délégués quittent leur place et paraissent vouloir abandonner la séance.

M. de la Myre-Mory, d'une voix tonnante et de sa place : Messieurs, je vous conjure de ne pas sortir d'ici avant que cette discussion ne soit terminée.

On se rassied et le tumulte s'appaise peu à peu.

M. Vastapani propose d'ajouter à la rédaction de M. Princeteau les mots suivans :

« Les électeurs ici présens prennent aussi l'engagement d'honneur de ne solliciter aucune faveur, ni aucun emploi du Gouvernement par l'organe de leur député. »

Vous voulez des députés indépendans, s'écrie M. Vastapani ! soyez indépendans vous-mêmes en ne sollicitant, par leur organe, ni emploi, ni faveur ; vous les rendrez ainsi à leur libre arbitre et ils ne défendront que mieux vos intérêts.

Un délégué du Gers dit qu'il ne prend pas cet engagement, quoiqu'il se croie aussi consciencieux et aussi indépendant qu'un autre.

Quelques membres paraissent être du même avis.

M. le marquis de Bryas demande la division ; il faut, dit-il, voter séparément sur la proposition de M. Princeteau et sur celle de M. Vastapani.

Cette division est adoptée.

M. le Président : Je vais mettre aux voix la proposition de M. Princeteau.

M. Ferbos, délégué, au milieu du bruit : Messieurs, j'adopte la proposition qui vous est faite, mais je réclame la suppression du mot *considérable* sur le sens duquel on pourrait se méprendre. Dans un pays constitutionnel comme le nôtre, la grande propriété ne doit pas seule absorber le monopole de la représentation nationale.

La suppression du mot *considérable* est acceptée, et la proposition de M. Princeteau, ainsi redigée, est mise aux voix et adoptée à l'unanimité.

M. le Président met ensuite aux voix la proposition de M. Vastapani, qui est adoptée à une faible majorité.

Un membre demande qu'il soit bien entendu que ceux qui ont voté contre la proposition de M. Vastapani ne sont pas engagés par elle.

M. de la Myre-Mory, prie l'assemblée d'être exacte à la réunion du lendemain dans laquelle on doit traiter la question des douanes.

M. le Président : Messieurs, voici l'ordre du jour de la séance de demain :

1° Suite de la discussion sur la question des douanes.

2° Rapport sur la presse centrale.

3° Rapport sur l'utilité des banques terrioriales.

4° Rapport sur l'utilité de multiplier les Comités vinicoles.

5° Rapport sur l'utilité d'une organisation financière.

La séance est levée à cinq heures et demie.

[illegible] qu'au-dehors, remarque ceux qui ont [illegible] sont contre la proposition de M. Vandeput ne sont pas suspects de [illegible].

M. le Rapporteur. — Messieurs, voici l'ordre du jour de la séance de demain :

1. Suite de la discussion sur la question des douanes.
2. Rapport sur la proposition [illegible].
3. Rapport sur l'activité des banques régionales.
4. Rapport sur l'activité de multiplier les fonds des caisses [illegible].
5. Rapport sur l'avenir d'une organisation financière.

La séance est levée à cinq heures et demie.

UNION VINICOLE.

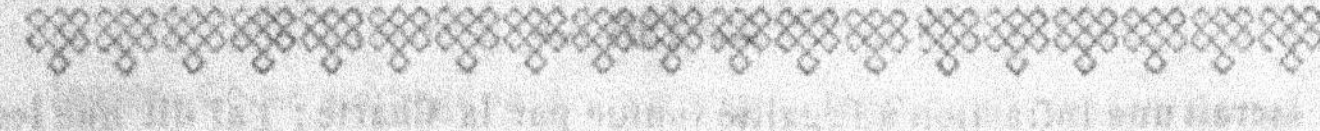

ASSEMBLÉE GÉNÉRALE.

Séance du 16 septembre 1843.

Toujours même affluence dans l'enceinte réservée aux délégués et dans les tribunes.

A midi et demi, M. le président déclare la séance ouverte.

M. *Pélissier*, secrétaire-général, lit le procès-verbal de la dernière séance.

M. *de Soyres* demande à faire une observation sur le procès-verbal :

Messieurs, dans le rapport sur les contributions indirectes qui vous a été lu hier, on a déploré et combattu l'erreur trop généralement accréditée et soutenue par nos adversaires, à savoir que le vin est essentiellement imposable. Les paroles du rapporteur sont l'expression de l'opinion du Comité central de la Gironde. Je voudrais donc qu'il fût inséré au procès-verbal de la séance d'hier que l'opinion contraire, soutenue par l'honorable M. Castéja, lui est purement personnelle et n'est point partagée par l'assemblée.

M. *Castéja* : Je vous avoue, Messieurs, que je ne comprends pas ce que vient de vous dire M. de Soyres. Je crois avoir soutenu littéralement le rapport du Comité. J'ai dit que, quant à nos intérêts, l'impôt ne devait pas porter exclusivement sur les vins, parce qu'il consacrait une infraction à l'égalité voulue par la Charte ; j'ai dit que les impôts indirects devaient peser sur tous les produits et que les vins ne devaient pas en être exclus. Ces principes sont non seulement les miens, mais encore ceux du Comité. Je déclare, encore une fois, que je ne comprends pas l'objection qu'on a faite à mes paroles d'hier.

J'ai dit et je maintiens que le vin est imposable, mais pas plus qu'autre chose. J'ai dit enfin que lorsque la loi impose un produit, elle doit imposer tous les autres.

M. *de Soyres* se déclare satisfait des explications de M. Castéja, dont il se trouve partager les opinions.

M. *Berton* désire également qu'il soit bien entendu que par l'amendement qu'il a proposé aux conclusions de la commission, il réclame purement et simplement l'abolition des impôts indirects sur les boissons.

M. *le président* : Le procès-verbal d'aujourd'hui tiendra compte de votre observation.

Le procès-verbal de la séance d'hier est adopté.

L'ordre du jour appelle la suite de la discussion sur les douanes.

M. *Hubert-Delisle*, rapporteur, a la parole :

Messieurs, par un vœu à peu près unanime, on a voulu que la discussion sur la question des impôts indirects et des octrois eût lieu avant celle des douanes. Ce vœu a été suivi, et je crois que l'assemblée n'a pas vainement attendu et qu'elle est satisfaite des résolutions qui ont été prises ; j'espère qu'il en sera de même sur la question des douanes. Oui, Messieurs, je pense que nous nous entendons et que, s'il y a division entre nous, ce n'est qu'à la superficie et non pas au fond des choses.

Je vais d'abord poser la question dans ses véritables termes, comme le Comité central la comprend. Je ne sortirai pas des principes généraux.

Nous avons soutenu, Messieurs, tous les principes de conciliation, nous n'avons soutenu aucun principe absolu. Je ne chercherai pas ailleurs que dans le rapport les véritables fondemens sur lesquels nous avons appuyé nos propositions ; ou pourrait procéder de deux manières : ou par abaissement de tarifs ou par des traités de commerce. Voilà la question : Y aura-t-il liberté de commerce absolue, anéantissement de tous droits protecteurs, quelqu'élevés qu'ils soient, en un mot, le principe radical qui veut table rase sera-t-il reconnu ? Non, Messieurs, nous ne voulons pas heurter des fortunes acquises, d'anciennes exis-

tences. Ce ne sont pas là nos principes, mais nous voulons que l'on
sache que le progrès est possible, nous ne comprenons pas qu'on puisse
vouloir ces bénéfices grands, excessifs, exclusifs même pour telle
propriété ou telle industrie, nous ne voulons pas que la routine s'em-
pare de nos manufactures.

Le monopole, quand il est absolu, finit par réagir sur lui-même,
et par supporter les effets désastreux de son propre absolutisme,
mais nous ne demandons pas non plus affranchissement complet et
immédiat de tous les droits, de tout tarif ; enfin Messieurs, nous vou-
drions voir disparaître cette division fatale qui scinde notre pays ;
nous ne voulons pas qu'il y ait deux populations dans l'État, et qu'on
dise encore le *Nord* et le *Midi* ; nous ne voulons, Messieurs, qu'une
seule et unique France. (Applaudissemens.) Voilà, Messieurs, sur quels
principes sages nous nous appuyons. L'immobilité, c'est chose impossible devant la marche de l'esprit humain. Je dis que nous ne devons
pas perdre de vue notre véritable situation. La France a une grande
importance territoriale, avec une grande étendue de frontières et de
rivages. Si elle est agricole elle est aussi commerçante, et c'est là une
grande source de prospérité et de fortune, empressons-nous de le
reconnaître.

J'ai cherché à faire comprendre dans quel sens nous voulions poser
la question, et sous ce rapport nous avons pris des conclusions, dont
je vais vous donner lecture :

« Nous demandons que l'assemblée émette le vœu que le Gouvernement prenant en considération les intérêts généraux du commerce
et de l'industrie vinicole, si vaste et si nationale, adopte enfin les
principes d'une sage économie politique, entre sans délai dans une
voie de réforme des droits de douanes, et s'efforce d'obtenir successivement et sans secousse des puissances étrangères l'abaissement des
barrières élevées entre elles, et qui entravent l'échange de leurs produits naturels. »

M. *le comte d'Alton-Shée* : Messieurs, je vous demanderai d'abord
la permission d'exposer en deux mots les motifs qui m'ont amené, moi,
dégagé de toute espèce d'intérêts personnels dans la questions qui
s'agite devant vous, à me prononcer en faveur de vos intérêts. Ces
motifs je dois les dire, car ils se rattachent à la question que nous
allons traiter.

Messieurs, je crois devoir unir mes efforts aux vôtres. C'est, à mon
sens, à une répartition plus équitable de l'impôt à l'intérieur et à l'ex-

térieur que se rattachent les plus hautes questions politiques. Le seul moyen de sortir de l'isolement politique, c'est de sortir de l'isolement commercial. Je crois qu'aujourd'hui les alliances de famille, si même elles ont jamais été bonnes, ont fait leur temps ; je crois que, entre les peuples constitutionnels, les alliances ne sont durables que lorsqu'elles reposent sur le commerce, et que, par des concessions réciproques, elles lient les peuples les uns aux autres. C'est, Messieurs, qu'à un système de guerre succède un système de paix. Et ce système, cherchons à lui faire porter tous les fruits qu'il peut porter. Enfin, Messieurs, si j'unis ma cause à la vôtre, c'est que je regarde l'industrie vinicole comme une de nos principales industries nationales ; car, aussi bien que les huiles, que les soieries, qu'elle obtienne l'entrée sur les marchés, et elle luttera avec un grand avantage contre les produits similaires des autres nations. Voilà les motifs qui m'attachent à vous, et qui font que, plus tard, dans tout le cours de ma carrière politique, je serai heureux de défendre les intérêts de l'industrie vinicole. (Très-bien l)

Vous avez, Messieurs, volé deux propositions : l'une sur les impôts indirects, l'autre pour demander l'abolition immédiate des surtaxes, et l'abolition progressive des droits d'octroi ; vous avez fait plus encore, vous avez pris le parti de soutenir vos intérêts par tous les moyens que donne l'élection. Aujourd'hui, M. Hubert-Delisle a traité et rétabli sur son véritable terrain la question des douanes ; il a retréci le cercle de la discussion ; il a renoncé à une discussion trop générale, théorique, sur la liberté illimitée du commerce. Eh bien, oui, Messieurs, soyons pratiques, retrécissons la question, elle est encore bien assez grande ! Je crois que l'assemblée, en laissant de côté la question générale de la liberté du commerce et de la suppression complète des douanes, je crois, dis-je, que l'assemblée a une grande utilité à retirer de la proposition qui lui a été faite de former des vœux en faveur de projets de traités, soit avec la Belgique, soit avec l'Angleterre, avec le Brésil, les pays allemands, etc. On est peut-être allé un peu loin sous ce rapport. Puisque nos assemblées se régularisent, qu'elles paraissent devoir être annuelles, que nous sommes appelés à nous revoir, eh bien, il est évident qu'on ne nous apportera pas quatre ou cinq traités à notre prochaine réunion ; on nous en donnera peut-être deux, et ce sera beaucoup. Pour ma part, je crois donc qu'il vaudrait mieux ne voter que sur des projets de traités avec l'Angleterre et la Belgique.

Messieurs, une manifestation est nécessaire. Je ne suis pas exclusif dans mes opinions politiques. Si vous croyez que le ministère est indécis, mal disposé même pour les intérêts du commerce vinicole à l'extérieur, je vous dirai : faites une manifestation, car elle appellera vivement son attention ; elle précipitera peut-être la décision de sa bonne volonté. Mais il y a plus, c'est que le Gouvernement a le désir de contracter ces traités, et d'arriver à une solution à cet égard. On ne nie pas ce désir du Gouvernement ; je ne dis pas que ses motifs soient tous pris dans l'intérêt de l'industrie vinicole. Mais enfin il a ce désir. Eh bien ! par vos manifestations, vous lui donnerez une arme nouvelle, une force irrésistible. Il faut donc faire une manifestation. Maintenant, il s'agit de savoir si ces traités sont utiles : c'est là la véritable question.

Un honorable membre de cette assemblée, M. Dézeimeris, a contesté leur utilité. Les grands remèdes, selon lui, doivent être appliqués à l'intérieur ; quant à l'extérieur, les résultats que vous obtiendrez seront nuls. Et voici sa manière de raisonner : L'exportation actuelle est de 2 millions d'hectolitres seulement, ce n'est donc pas la peine de s'en occuper. Eh ! c'est précisément parce qu'elle est peu de chose qu'on voudrait qu'elle grandît, qu'elle devînt considérable ! Voilà le véritable but des traités. Mais les traités augmenteront-ils cette exportation ? M. Dézeimeris a présenté un rapport de M. Perrier, mon collègue à la Chambre des pairs, lequel cite lui-même à l'appui de son opinion un rapport de M. Portal, dans lequel il prétendait qu'après le traité de 1786 avec l'Angleterre, loin d'augmenter, l'exportation des vins avait diminué. Messieurs, ce mémoire n'est pas de M. Portal, il est de M. Mareillac. Dans son mémoire, M. Portal dit au contraire que l'exportation a triplé, voici les termes mêmes de son rapport :

« Dans ce traité de commerce, les conditions directes et celles qui stipulaient des réserves, toutes les combinaisons qui pouvaient appartenir au génie et à l'expérience furent consacrées en faveur de l'Angleterre.

» Mais si nous eûmes contre nous l'infériorité des négocians et les stipulations du contrat, il nous restait invinciblement le génie de la nation et la force des choses.

» Chaque jour les fabriques françaises faisaient des progrès ; chaque jour l'Angleterre avait moins d'avantages, et peu à peu nous serions arrivés à ce point où les Anglais, habitués à nos liqueurs, en seraient

9

devenus les tributaires forcés, et où les Français, perfectionnés, non seulement n'auraient plus été les tributaires des marchandises anglaises, mais mêmes auraient fabriqué assez bien pour pouvoir soutenir leur concurrence dans les marchés étrangers... ....

» Dès le traité et pendant sa durée, les exportations de vins, vinaigres et eaux-de-vie pour l'Angleterre furent beaucoup plus fortes qu'elles ne l'étaient auparavant.

» Nous y expédiâmes deux fois plus de vins et trois fois plus de vinaigre et d'eau-de-vie.

» Les expéditions pour l'Irlande furent encore supérieures à cette proportion. »

Vous le voyez, Messieurs, ceci est clair. Il n'est pas douteux, quant à la consommation intérieure de la Grande-Bretagne et de la Belgique, où nos vins sont achetés par les gens riches, que si vous abaissez les tarifs, vous ne voyez les autres classes de la société boire nos vins ; ils ne demandent certes pas mieux. (Adhésion.)

Ainsi donc, je dirai, en terminant, votez avec unité, à l'unanimité s'il est possible, l'adoption de ces traités. Je ne dis pas quels qu'ils soient, mais avantageux pour les intérêts vinicoles et la masse de la nation française. Il est évident que ces traités froisseront quelques intérêts, qu'ils mettront quelques industries en souffrance ; mais il n'y a pas de traités possibles sans concession ; c'est là une nécessité fatale. Nos concessions porteront sur la coutellerie, sur les houilles, sur les fers, je ne sais trop sur quoi ; vous ne devez pas trop vous en préoccuper ; car, enfin, vous êtes ici des propriétaires de vignes et non pas des maîtres de forges. Je crois qu'il est juste de leur ôter une protection trop grande, excessive ; du reste, soyez sûrs que lorsqu'il sera question de traiter, ces intérêts sauront se défendre eux-mêmes.

Je me résume et je demande que vous adoptiez la proposition qui vous est faite de solliciter des traités avec l'Angleterre et la Belgique ; non pas que j'aie de préférence pour des traités avec ces deux nations, mais parce que je crois que ceux-là sont plus mûrs que les autres. Continuez à réveiller l'attention publique par la presse, par vos demandes aux Chambres ; enfin, agitez-vous ! ce mot, c'est un conservateur qui vient de le dire, et je ne crois pas qu'on se puisse méprendre sur le sens que je lui donne ; oui, Messieurs, agitez-vous, et j'ose vous assurer le succès.

Ce discours est très-vivement applaudi.

M. *Dézeimeris* : Messieurs, je ne crois pas que le moment soit venu d'entrer dans la discussion générale que doit susciter devant vous la grave question des douanes ; je veux seulement répondre quelques mots à l'honorable pair de France qui descend de la tribune ; c'est au sujet du traité avec l'Angleterre.

La réfutation qu'on vient de faire relativement aux sources où j'avais pris mes renseignemens sur les résultats immédiats du traité de 1786 porte complétement à faux ; mais j'ai encore d'autres preuves, Messieurs. (L'orateur s'appuie de quelques documens, desquels il résulte que l'exportation des vins de France en Angleterre diminua au lieu d'augmenter après le traité de 1786. Il continue :) J'affirme donc que le commerce de vin n'augmenta pas après ce traité ; je m'appuie même de l'opinion de Dupont de Nemours, qui a contribué à le faire et dont voici l'ouvrage. (Murmures et marques d'impatience.)

Messieurs, je prie qu'on m'accorde quelqu'attention ; M. Dupont de Nemours, en s'appuyant de l'opinion de M. Portal, dit bien qu'il y avait une augmentation considérable. En effet, immédiatement après ce traité, il y eut bien une plus grande exportation de vins en Angleterre ; mais trois ans après, ces vins restèrent dans les magasins, en grande partie invendus. J'affirme donc que le commerce n'a pas augmenté de 1786 à 1789. Je me réserve de parler plus tard.

M. *Berton* : Messieurs, j'appartiens à un département qui est à la fois agricole et vinicole. Si je monte à cette tribune, c'est pour chercher une conciliation des intérêts, de manière qu'en laissant à la discussion toute son importance, la question soit placée sur un terrain où toutes les opinions puissent s'accorder. Je remercie d'abord le rapporteur d'avoir mis à l'écart tout ce qui, en économie sociale, tient au roman, est inapplicable, tout ce qui sera aussi peu réalisable que la paix perpétuelle de l'abbé de Saint-Pierre.

Nous ne consommons qu'à la condition de produire. Ce point là posé, j'arrive à une distinction importante entre les diverses classes de produits.

(Des conversations particulières s'établissent sur tous les bancs.)

Je veux prouver qu'il est certains produits sur lesquels des réductions de douanes peuvent porter, abstraction faite des traités que nous ferons ; je veux établir que ces réductions seraient aussi favorables à toutes les autres industries qu'à celle des vignes.

On divise ainsi les produits : nous avons les objets de fabrication d'un emploi usuel et les objets de luxe. Eh bien ! sur toutes ces matières, un champ très-vaste est ouvert au Gouvernement, afin de concilier et les intérêts vinicoles et les intérêts manufacturiers, et le *Nord* et le *Midi* ; dans les traités de commerce, et c'est ici que je ne suis de l'avis de M. le comte d'Alton-Shée, on s'engage pour long-tems, car on ne peut pas les refaire tous les jours ; il me semble que l'intérêt du Gouvernement est de veiller toujours sur la balance de la production et de la consommation, parce que s'il est le gardien de la paix générale, il est aussi le gardien de tous les intérêts. (L'orateur parle au milieu de l'inattention générale.)

Par intérêts de commerce je veux dire que toutes les fois qu'une nation a des produits fabriqués, elle traite avec une nation qui a une plus grande partie de matières premières nécessaires à la fabrication, et, par la même raison, il est aussi de l'intérêt d'une nation qui a beaucoup de matières premières de traiter avec la nation dont la fabrication est considérable ; le danger commence quand la rivalité commence, quand deux nations ont les mêmes produits ou des manufactures rivales. — Le bruit qui se fait dans l'assemblée domine tellement la faible voix de l'orateur, qu'il nous est impossible d'entendre ses conclusions.

M. Brunet : On a prétendu que le traité de 1786 n'avait produit aucune augmentation sur la vente des vins. Eh bien ! Messieurs, voilà ce que je lis dans des documens officiels :

« En 1784, l'exportation des vins de France fut de 435 tonneaux ; en 1785, de 471 ; en 1786, de 485 tonneaux. Voici pour les trois années antérieures au traité. Elle fut, en 1787, de 1,868 tonneaux; en 1788, de 1,445 ; en 1790, de 1,117. A peine le traité avait-il été signé que les troubles de la révolution se déclarèrent ; des symptômes d'hostilité se manifestèrent ; le développement de nos affaires avec la Grande-Bretagne se trouva arrêté. Au lieu d'un système d'échanges pacifiques, nous eûmes avec nos voisins une guerre de vingt-cinq ans.

» Quant à l'importation des vins autres que ceux de France, elle monta presque au double.

» Il avait été introduit dans la Grande-Bretagne, en vins de toute provenance :

En 1784..............................	15,542 tonneaux.
En 1785...........	16,182
En 1786..............................	16,192
Total...............	47,916 tonneaux.

» Et, postérieurement à la signature du traité :

En 1787	22,978	tonneaux.
En 1788	25,441	
En 1789	27,413	
En 1790	20,181	
Total	96,013	tonneaux.

» N'oublions pas qu'avant 1786 nos vins étaient frappés, lors de leur débarquement en Angleterre, d'un droit de 99 liv. sterl. 8 sh. 9 d. Il fut réduit de moitié ; il resta de 49 liv. sterl. 19 sh. 4 d. 1|2 ; soit, à peu de chose près, 1,275 fr. par tonneau. Ce droit, beaucoup trop élevé encore, empêcha nos exportations d'arriver à l'importance qui leur était infailliblement réservée. Il faut du tems pour renverser des habitudes enracinées, et depuis plus d'un siècle les Anglais sont accoutumés aux vins du Portugal. Ce n'est qu'après des années de droits modérés que la consommation de nos vins aura pénétré dans les classes moyennes de l'autre côté de la Manche.

» Mais, sans remonter à 1787, nous pouvons citer des exemples tout aussi concluans et bien plus rapprochés de nous.

» La quantité moyenne de vin apportée de France en Angleterre ne dépasa point, de 1818 à 1824, 800 tonneaux par an, terme moyen.

» En 1825, l'Angleterre consent à une réduction sur les droits. Au lieu de 13 sh. 9 d. par gallon, ils ne sont plus que de 7 sh. 9 d.

» L'importation avait été, en	1820, de	230,000 gallons.
	1821,	240,000
	1822,	269,000
	1823,	329,000
	1824,	276,000
	1825,	1,084,000

le gallon équivaut à 4 litres 1|4 environ.)

» Nous envoyâmes donc à la Grande-Bretagne quatre fois plus de vin en 1825 qu'en 1824. Si cette masse trop considérable, jetée sur les marchés britanniques, se réduisit à 487,600 gallons en 1826, le chiffre de 1828 fut du 550,949, et en 1829 de 498,320 gallons. On voit combien l'exportation l'emporta sur ce qu'elle avait été sous l'empire du gros droit.

» En 1831, une nouvelle réduction eut lieu, le droit fut abaissé à 5 sh. 6 d. (1 fr. 52 c. par litre), l'Angleterre, qui avait reçu

1,364 tonneaux de nos vins, terme moyen des années antérieures, en tira 2,346 tonneaux en 1831, 2,380 en 1832. Mais la
taxe actuelle de 1,500 ou 1,600 fr. est trop forte ; il faudrait un
allégement un peu sensible pour que la consommation du *claret*
fût moins insignifiante dans les trois royaumes, et d'ailleurs, durant les années qui suivirent immédiatement ce second dégrèvement,
l'invasion du choléra vint porter un coup pénible à la consommation
des vins de toute provenance. Ceux de France ne furent pas les plus
maltraités.

Voici d'ailleurs le relevé exact des quantités de vin qu'a consommées
l'Angleterre depuis 1820 jusqu'en 1841. L'examen de ce tableau dé-
montrera dans quelle erreur inconcevable sont tombés les orateurs et
les écrivains qui ont prétendu que la Grande-Bretagne buvait moins
de vins de France qu'avant 1825.

Années.	Vins de France.	Vins d'autres sortes.	Total.
1820	164,000	4,422,000	4,586,000
1821	159,000	4,527,000	4,686,000
1822	168,000	4,538,000	4,606,000
1823	171,000	4,774,000	4,845,000
1824	187,000	4,843,000	5,030,000
1825	625,000	7,384,000	8,009,000
1826	345,000	5,713,000	6,058,000
1827	311,000	6,515,000	6,826,000
1828	421,000	6,741,000	7,162,000
1829	365,000	5,852,000	6,217,000
1830	308,000	6,126,000	6,434,000
1831	254,000	5,958,000	6,212,000
1832	228,000	5,319,000	5,601,000
1833	232,000	5,975,000	6,207,000
1834	260,000	6,220,000	6,480,000
1835	271,000	6,149,000	6,420,000
1836	352,000	6,457,000	6,809,000
1837	440,000	5,951,000	6,394,000
1838	436,000	6,765,000	7,201,000
1839	390,000	6,846,000	7,239,000
1840	362,000	6,481,000	6,843,000
1841	376,000	6,084,000	6,460,000

Avant le premier dégrèvement, la consommation en vins de France n'avait pas dépassé 187,000 gallons; depuis, elle n'a, même dans la plus fâcheuse année, jamais été au-dessous de 228,000.

La consommation moyenne des cinq années antérieures à la première réduction (1820-1824) a été de 169,800 gallons.

Celle des six dernières années, dont les tableaux ont été publiés (1836-1841), se trouve de 394,160. Il résulte donc une augmentation de DEUX CENT TRENTE-DEUX POUR CENT sur la consommation de nos vins en Angleterre depuis que le droit n'est que de 5 sh. 6 au lieu de 13 sh. 9, et ce résultat, c'est la comparaison de onze années qui le donne.

Quant aux chiffres que nous donnons, il est bien facile de les soumettre à une vérification attentive, nous la demandons tous les premiers. Ils se trouvent dans les publications du ministère du commerce et de l'agriculture. (Voir le *Tableau décimal du revenu du commerce*, etc., *de la Grande-Bretagne*, Paris, imprimerie royale, 1833, p. 132, les *Avis divers* publiés par le ministère, n. 39, le *Bulletin* de ce même ministère, cahiers d'avril 1840 et d'avril 1842.

M. Dézeimeris : Je n'avais pas besoin d'entendre la lecture de ces documens pour savoir que l'Angleterre avait intérêt à prouver que nous avions obtenu des résultats admirables de notre commerce avec elle. (Murmures.) L'insistance des Anglais me prouve assez.... (réclamations nombreuses) me prouve assez que ce traité a pour elle une grande importance. Je vous invite à prendre des renseignemens aux bureaux des balances du commerce de France. Eh bien ! si vous prenez l'ensemble des trois années qui ont suivi le traité depuis 1786 à 1789, vous verrez qu'il n'y a pas eu augmentation.

M. Brunet : L'honorable préopinant croit que nous avons pris nos renseignemens en Angleterre; mais il y a d'autres sources où l'on peut puiser. Les douanes françaises publient également des tableaux précieux; il est vrai que ce n'est que depuis 1825 que le Gouvernement s'est décidé à faire des tableaux de douanes, mais il est clair néanmoins que notre exportation a éprouvé une augmentation considérable. L'honorable préopinant pense que ces documens ont été publiés pour favoriser un traité de commerce avec l'Agleterre ; Messieurs, ces documens datent de plus de 25 années, et je les crois très-authentiques. (Marques d'approbation).

M. Jules Dumorisson, délégué des Deux-Charentes.

« Messieurs, s'il est des départemens intéressés dans les questions soulevées dans cette enceinte, ce sont assurément ceux de la Charente et de la Charente-Inférieure.

» Depuis des siècles, la vigne est cultivée dans ces deux départemens, qui prennent un des premiers rangs parmi les vignobles de la France. Elle couvre environ le cinquième de leur superficie; et la nature de leur sol, l'influence du climat, des soins minutieux dans la fabrication des eaux-de-vie, donnent aux produits de leur industrie vinicole une supériorité reconnue sans rivale.

» Eh bien! Messieurs, malgré ces conditions favorables, malgré cette position exceptionnelle, cette industrie souffre. Le régime actuel des douanes tend à l'étouffer; et plus tard, comme aujourd'hui, dans le sein de notre Comité comme dans cette enceinte, nous unirons nos doléances aux vôtres.

» C'est à nos relations commerciales avec l'étranger, avec le Nord, les Etats-Unis et l'Angleterre surtout, que nous devions notre ancienne prospérité.

» La question de savoir si ces marchés nous seront ouverts ou fermés, est donc pour nous une question vitale, et vous le comprendrez sans peine, Messieurs, quand vous saurez que le prix-de-revient de nos eaux-de-vie rend extrêmement difficile leur placement à l'intérieur, en concurrence avec des spiritueux dont la qualité est inférieure à celle des nôtres, mais qui ont l'immense avantage d'être produits dans des conditions plus favorables.

» Aussi, quand nous vendons à l'intérieur, et souvent c'est là notre principale ressource, nous vendons presque toujours à perte. Nos propriétaires sont contraints de subir le joug d'un maximum que leur imposent les nécessités commerciales; car si l'encombrement de leurs celliers, l'obligation de subvenir à d'énormes frais de culture, et de donner à l'ouvrier le pain de la journée, sont pour eux des causes déterminantes de vente, il n'en est pas de même pour le commerçant qui est libre dans ses actes, qui peut, avant l'achat, calculer les chances de perte ou de gain, et qui, malheureusement pour nous, cherche parfois à se les rendre favorables par des mélanges qui peuvent compromettre la réputation de nos spiritueux, et qui ont du moins pour effet immédiat d'augmenter l'encombrement de nos marchés.

» Nous sommes donc vivement intéressés dans la question des douanes, je le répète, et c'est avec une profonde surprise que nous avons entendu soutenir ici, d'une manière presque absolue, que la solution de la question relative aux intérêts vinicoles ne devait pas se rencontrer à l'extérieur, mais qu'elle se trouvait toute entière dans le rappel à l'égalité en matière d'impôt, et dans l'abolition d'une législation exceptionnelle.

» Sans doute, nous demandons, et l'égalité en matière d'impôts, et des modifications à une législation qui est contraire, dans son application surtout, aux principes de la Charte et à l'équité ; mais dire que là se trouve l'unique, le souverain remède ; dire que des traités de commerce avec l'étranger, avec la Grande-Bretagne notamment, soient des mesures sans effets, sans résultats pour nous, c'est ce que les délégués des Deux-Charentes ne peuvent pas admettre, quand ils savent, surtout, qu'à la suite du traité de 1786, une réduction de 50 p. 0/0 dans le tarif des douanes anglaises porta au double, presque instantanément, la consommation de nos spiritueux en Angleterre ; quand ils savent, enfin, que les variations que ces tarifs ont éprouvées depuis 1789, ont produit, d'une manière régulière, ce double effet d'augmenter ou de diminuer cette consommation, à mesure que le taux de ces tarifs s'abaissait ou s'élevait, et, par contre, d'amener chez nos voisins, graduellement mais irrésistiblement, le développement d'une industrie rivale qui tend à occuper bientôt le marché que nous avions autrefois le privilège exclusif d'approvisionner, et à nous en chasser définitivement, avant peu, si l'état actuel des choses se maintient.

» Déjà, sur plusieurs points, et surtout dans l'arrondissement de La Rochelle, qui a vu, tout récemment, se fermer devant ses produits les marchés des États-Unis, on arrache les vignes ; et c'est avec un sentiment de profonde douleur que nous voyons ainsi se réaliser, pour les parties de notre territoire les moins favorisées par la nature, une prédiction funeste, et se tarir sous nos yeux les sources de l'ancienne prospérité de l'Aunis, de la Saintonge et de l'Angoumois.

» Je n'établirai pas ici, Messieurs, les chiffres qui rendraient sensible l'énormité de la perte que ces deux départemens, où une population laborieuse a consacré à l'industrie vinicole les efforts de vingt générations et des capitaux immenses, sont sur le point d'éprouver ; mais vous comprenez maintenant que votre cause est la nôtre, que nous devons joindre nos réclamations, nos efforts aux vôtres, et demander, comme vous, comme tous les départemens vinicoles, que le Gouvernement porte sa plus sérieuse attention sur les moyens de guérir les plaies que je vous signale d'une manière si brève et si incomplète-

» Mais, Messieurs, dans nos départemens, et je crois qu'à bien peu d'exceptions près il en est de même sur tous les points, les intérêts vinicoles ne sont pas les seuls, et s'ils sont dominans, ils ne doivent pas être trop exclusifs. Bordeaux connaît depuis long-temps les ressources que les champs et les prairies de nos provinces offrent pour les approvisionnemens de sa nombreuse population. On ne trouvera donc pas étrange que, dans cette enceinte où la discussion est libre, où toutes les opinions ont le droit d'être exprimées, je vienne déclarer au nom de mes collègues, Messieurs les membres du Comité vinicole central des deux Charentes, présens à cette séance, que si nous admettons en théorie le principe de la liberté commerciale ; que si nous protestons, comme Bordeaux, contre le système prohibitif qui cause notre ruine ; que si nous réclamons avec lui l'égalité en matière agricole, industrielle et commerciale, nous croyons qu'il n'est pas opportun de demander au gouvernement une application immédiate, absolue de ce principe.

» C'est qu'à côté de ces intérêts que nous défendons comme vous, Messieurs, il en est d'autres qui méritent et qui appellent aussi la sollicitude de tout homme ami de son pays. C'est que le système de douanes qui nous frappe, sert de rempart à d'autres ; que, sous son abri, des industries qui constituent aussi une partie de la richesse de la France se sont développées de toutes parts, et qu'il est impossible de chercher à résoudre la question des douanes sans se préoccuper de la perturbation immense qu'une réforme radicale amènerait dans la position de ces intérêts agricoles ou industriels.

» Oui, sans doute, on a fait fausse route ; oui, sans doute, on s'est égaré dans cette voie que les partisans des idées par trop exclusives de l'industrialisme ouvraient devant nous. On est allé trop loin. On a voulu faire de la France une puissance industrielle, et on a trop vite oublié qu'elle était essentiellement agricole. Il faut reculer dans cette voie où nous avancions sans réflexion, sans examen, contre les vues providentielles même ; mais il faut le faire, nous le croyons du moins, avec prudence, graduellement, sans irritation et sans pensée haineuse au cœur.

» En résumé, Messieurs, je viens, au nom de mes collègues du Comité vinicole des deux Charentes, proposer à l'assemblée de déclarer que s'il est désirable que les entraves apportées par les lois des douanes dans les relations commerciales des peuples soient détruites, elle reconnaît qu'une réforme radicale est impraticable aujourd'hui, et qu'il faut demander seulement que des traités de commerce, basés sur la réciprocité, soient conclus avec les puissances étrangères, afin de faciliter, à des conditions avantageuses, l'écoulement des produits de nos vignobles.

M. Constant à la tribune (murmure): Messieurs, après les explications qui ont été données par M. le rapporteur et celles qui ont suivi, je crois que la question devient bien plus simple, et qu'il y a presqu'unanimité sur la proposition qui vient d'être faite.

Ainsi, Messieurs, l'incident que j'avais élevé avant-hier à notre première séance, en faveur des éleveurs de bestiaux, lorsque je demandai que les barrières ne fussent pas abaissées, était inutile; et aujourd'hui, toute observation de ma part serait oiseuse. Je déclare seulement faire toute réserve dans l'intérêt du département que je représente (on rit), donnant du reste mon assentiment aux propositions qui vous sont soumises.

La clôture de la discussion est mise aux voix et adoptée.

M. le Président relit les conclusions du rapport avant de les mettre aux voix.

M. Gout-Desmartres : Messieurs, quoique, dans la rédaction qui vous est soumise, des traités de commerce soient implicitement compris, je désire, comme délégué des Deux-Charentes, pour lesquels l'exportation extérieure est une question vitale, qu'il soit demandé des traités de commerce avec l'Angleterre et la Belgique.

M. Billaudel demande à poser la question: Messieurs, dit-il, l'amendement qui vous est présenté ne change en rien le sens de la rédaction première; je crois donc qu'il faut d'abord voter la conclusion principale; ensuite, la discussion pourra s'établir sur l'amendement de M. Gout-Desmartres.

M. le Président met aux voix la conclusion de la commission; elle est adoptée à l'unanimité. (Marques de satisfaction.)

M. Gout-Desmartres : Je vous disais tout-à-l'heure: pour tous les propriétaires de vignes les traités de commerce sont utiles; mais ils le sont d'avantage pour les uns que pour les autres, et pour les deux départemens que j'ai l'honneur de représenter, ces traités sont une question de vie ou de mort. Je viens vous proposer un amendement ainsi conçu: « Le gouvernement est également invité à conclure le » plus promptement possible des traités de commerce avec les puis- » sances étrangères pour favoriser l'écoulement des produits vinicoles.»

Plusieurs voix : mais ce n'est pas un amendement, c'est absolument la même chose.

Aux voix ! aux voix !

M. Gout-Desmartres : Messieurs, je demande pardon d'abuser de vos momens ; je réclame pour les deux départemens que j'ai l'honneur de représenter et qui sont si fortement intéressés dans la question vinicole ; ce que je vous propose n'est qu'un corollaire ; cela veut dire que le Gouvernement doit non seulement diminuer les droits de douane, mais encore qu'il doit conclure les traités de commerce pour lesquels les négociations sont ouvertes depuis si long-tems. Cet amendement ne nuit à aucun intérêt, je le crois utile aux deux départemens que je représente, pourquoi donc le rejetteriez-vous ?

M. Berton dit que l'amendement n'est qu'un pléonasme ; que l'on a parlé de négociations avec les puissances étrangères, et que cela dit tout ; qu'on y a compris les stipulations particulières soit avec l'Angleterre, soit avec d'autres puissances. (Oui ! assez ! assez !)

M. Gout-Desmartres : Je me déclare satisfait des explications qui viennent de vous être données et, puisque le mot de négociation entraîne celui de traités de commerce, je renonce à mon amendement.

M. le Président : L'ordre du jour appelle la lecture d'un rapport sur la presse. (Vives réclamations de la part des membres du bureau.)

M. le Président insiste pour que cette lecture soit faite.

Des membres du bureau soutiennent que cette lecture ne doit pas avoir lieu. L'assemblée, qui ne comprend rien à cette discussion, attend des explications que M. Bretenet vient lui donner.

Messieurs, dit-il, le Comité central de la Gironde, en convoquant une assemblée générale de tous les délégués des Comités vinicoles de France, avait dû s'inquiéter des sujets qui seraient soumis aux discussions de l'assemblée et de l'ordre de ses délibérations. Diverses propositions avaient été formulées pour vous être proposées. Au nombre des sujets se trouvait une proposition sur la presse centrale.

Depuis lors, et à deux fois, on est revenu sur cette proposition et deux fois on a décidé qu'un rapport aurait lieu. Hier au soir, au Comité, la question fut de nouveau débattue, et alors il fut décidé qu'il n'y aurait pas de rapport. Cependant, votre ordre du jour d'hier portait : Suite de la discussion sur les douanes, rapport sur la presse centrale, rapport sur les banques territoriales, etc., etc. M. le président m'a dit qu'on ne pouvait pas s'écarter de l'ordre du jour tel qu'il avait été fixé par l'assemblée même, et que, bien que je n'eusse pas complétement achevé mon rapport, je devais le présenter.....

M. le Président : Messieurs, le Comité central, dans une séance précédente, avait arrêté les matières dont les proposition devaient vous être soumises; dans l'ordre de ces matières une proposition sur la question de la presse centrale avait été arrêtée. Cette décision avait été prise, un rapport devait vous être fait. J'ai eu l'honneur de placer ce travail sur l'ordre du jour. J'apprends que, dans une réunion d'hier soir, à laquelle je n'ai point assisté, on a résolu qu'il ne serait point fait de rapport sur cette délicate question. Il m'a paru que je ne pouvais pas enlever ce sujet à vos discussions quoique je puisse m'appuyer sur une résolution nouvelle du Comité central qui a cru devoir changer d'avis. L'assemblée, ayant elle-même arrêté son ordre du jour, peut seule retirer ce sujet qui est tombé dans la discussion générale. Si donc l'assemblée veut le retirer, elle en est maîtresse. Si le Comité central ne veut pas accepter la responsabilité de ce rapport, il y a, je pense, un moyen terme ; M. Bretenet, qui en est l'auteur, acceptera volontiers cette responsabilité en son nom particulier, et celle du Comité central sera ainsi sauve-gardée.

M. Bretenet : Comme les conclusions que je croyais avoir été chargé de présenter au nom du Comité n'ont été acceptées par moi que parce qu'elles entraient dans mon opinion personnelle, j'en accepte volontiers la responsabilité tout entière. Je suis maintenant à la disposition de l'assemblée.

L'assemblée déclare vouloir entendre le rapport et entrer dans les débats.

MESSIEURS,

Un orateur vous disait hier que vous deviez, pour arriver au triomphe de vos intérêts, employer un double levier, celui de l'élection et celui de la presse.

Le principe que vous avez posé, rigoureusement appliqué au moment des luttes électorales, vous donnera dans la Chambre élective sinon la majorité, ce serait se bercer d'une vaine illusion, du moins une irrésistible influence. Et au sein de la pairie, j'en atteste les paroles que prononçait tout—

à-l'heure à cette tribune M. d'Alton-Shée, nous trouverons d'éloquens et d'infatigables défenseurs.

Il vous reste à user du second levier, aussi puissant, aussi irrésistible peut-être que le premier et dont l'action s'y relie étroitement. Avant d'arriver à la tribune, les questions dès long-temps sont examinées et discutées, éclairées par la presse ; elle prépare les matériaux, elle prépare surtout les esprits; elle est à la fois pour ceux qu'elle soutient un auxiliaire indispensable et un surveillant redouté, l'appui des forts, la terreur des indécis.

L'utilité, la nécessité d'une presse centrale dévouée aux intérêts dont nous sommes les représentans, ne saurait, je crois, être contestée. Quand, l'année passée, j'eus l'honneur de présenter une proposition à ce sujet, elle fut unanimement accueillie.

Notre industrie, en effet, dispersée sur toute la surface du territoire, avec des intérêts divers, a besoin d'un centre où viennent aboutir de toutes les extrémités tous les renseigne-mens, où viennent se combiner toutes les vues, se fondre toutes les prétentions ; un centre de publicité d'où, après cette élaboration, émane une direction commune, une impulsion homogène.

Ces avantages nous ne les pouvons espérer que de la presse de Paris, assise au cœur et rayonnant sur toutes les extrémités. La presse départementale a, sans doute, son influence et son utilité ; mais, par sa position, le rayon dans lequel elle agit est borné ; par ses habitudes, malgré le talent de ses rédacteurs, son point de vue est exclusif et, en général, son esprit trop accessible aux querelles de noms propres.

La presse parisienne a été long-tems muette, il est vrai, sur nos souffrances et nos réclamations. Elle voyait sans s'émouvoir une de nos plus grandes industries nationales dépérir et s'éteindre sous l'action combinée de lois fiscales injustes, odieuses, et d'un régime prohibitif aveugle, source de prospérité pour quelques-uns, cause de ruine pour le plus grand nombre. La presse, qui a la prétention d'aider au développement de la fortune publique, ne venait pas en aide à cette industrie sans rivale, qui, même sous le coup d'une législation hostile, produit chaque année une valeur de 500 millions; gardienne prétendue des droits et des intérêts de tous, elle abandonnait, sans protestation, les propriétaires de vignes à des lois arbitraires, vexatoires, contraires à l'un des principes fondamentaux de tout pacte social, l'égalité des charges.

Mais, Messieurs, ce silence bien étrange de la presse parisienne n'avons-nous pas à nous le reprocher? Et, pour faire équitablement la part de tous, n'avons-nous eu ni négligence, ni apathie? N'avons-nous pas oublié cette devise d'autrefois, d'un des chefs actuels du ministère : Aide-toi, le ciel t'aidera !

Placée au centre de populations dont les intérêts ne sont pas identiques aux nôtres, en relation immédiate, en contact presque continuel avec les habitans du Nord, la presse parisienne a dû nécessairement être amenée à étudier les questions financières et économiques au point de vue des intérêts du Nord, et les intérêts du Nord ont prévalu. Le Midi était moins heureusement doté; il devait, par son activité, suppléer au désavantage de sa position topograghique. Nouer avec la presse des rapports incessans, presqu'intimes, s'assurer à Paris des organes dévoués, n'était pas, pour le Midi, chose difficile. Des hommes d'un talent éprouvé eussent-ils donc manqué à la défense d'une cause juste et populaire? Le Midi n'a rien fait, il n'a pas voulu surmonter les obstacles que sa position lui créait; il s'est endormi dans l'indifférence, et l'excès de la souffrance et de la misère a seul pu le réveiller.

Si j'ai bien compris la cause du mal, le remède est facile; ce que nous avons négligé pour défendre nos droits, nous le devons faire pour les reconquérir ; la difficulté sera plus grande sans doute, mais là est pour l'industrie vinicole une question de vie ou de mort.

Le Comité central a jugé le moment opportun. La presse s'est émue de nos mouvemens, et à la suite de l'assemblée qui eut lieu l'an passé, les divers journaux de Paris ont agité les questions auxquelles notre fortune est attachée.

Les uns, sans abandonner le système de monopole et de privilège qui nous étouffe ont, avec réserve, accordé quelques équivoques encouragemens aux efforts de l'industrie vinicole, et reconnu, pour me servir d'un mot célèbre, *qu'il y avait quelque chose à faire*..

D'autres, je les veux croire de bonne foi, influencés par leurs études, influencés surtout par les amitiés et les rapports nombreux qui les lient aux intérêts hostiles à notre cause, ont repoussé de toutes leurs forces nos pacifiques réclamations, et, parce que nous demandons à vivre, ont paru nous regarder comme des factieux.

Quelques autres, au contraire, ont consciencieusement étudié la question, et ils se sont montrés courageux défenseurs de nos droits.

Dans une position pareille, la marche que nous devons suivre me paraît naturellement tracée ; à ceux qui nous ont défendus, nous devons notre sympathie, notre appui.

Établissons avec eux les rapports d'une solide amitié ; que nos relations avec ces journaux deviennent plus étroites; que l'intimité succède à l'indifférence. Une communauté de principes économiques nous attire vers eux, attachons-les à nous par une communauté d'intérêts. A l'exemple du Nord, sachons nous faire des défenseurs et des amis dont les intérêts soient les nôtres; des amis qui, en travaillant à notre prospérité, sauront qu'elle traîne après elle leur élévation et leur agrandissement.

Cette communauté d'intérêts se trouve dans une combinaison qui relie le plus étroitement possible les habitans avec le journalisme et les oblige à un accord parfait ; je veux parler de l'extension de publicité, de l'abonnement. (Rumeurs.) Oui, Messieurs, l'abonnement, le seul mode que notre loyauté et notre délicatesse nous permette d'offrir ; le seul que la loyauté et la délicatesse des écrivains leur permette sans doute d'accepter !

Cette proposition n'a rien que de juste, car la consciencieuse défense de nos droits place, et placera plus encore, ces journaux en hostilité avec ceux qui, dans d'autres industries, ont des intérêts contraires, et ceux-là comprennent fort bien qu'ils ne doivent pas aider leurs ennemis, subvenir aux frais de la guerre dirigée contre eux.

Cette proposition est conforme aux précédentes décisions des assemblées, car elle est la consécration du même principe qui, au mois de décembre, fit accueillir avec acclamation la motion de désabonnement aux journaux hostiles, motion présentée alors par M. de Gères.

Le principe en lui-même n'a pas paru au Comité susceptible de grave contestation ; l'application présente, sinon des difficultés, du moins quelqu'apparence de danger.

On a pensé qu'une amitié, trop fortement avouée pour quelques-uns, amènerait nécessairement après elle l'inimitié de ceux qui, jusqu'à présent, sont restés neutres. La majorité n'a point balancé, au contraire, dussent ces conséquences fâcheuses se manifester, à déclarer hautement quelles sont ses plus ardentes sympathies. Le silence et l'oubli nous tuent, et nous sommes arrivés au point de n'avoir plus à craindre de nouvelles aggravations, la mesure est comble, mieux vaut alors la lutte que la mort.

Les journaux qui ont appuyé avec chaleur, avec constance nos réclamations, sont au nombre de trois : je les désigne sans que l'ordre dans lequel je suis obligé de les nommer indique, dans la pensée du Comité, aucune espèce de supériorité ou de priorité : *le Courrier-Français*, *le Globe*, *l'État* [1].

Au nom du Comité je vous propose donc, Messieurs, de déclarer :

« Que *le Globe*, *le Courrier-Français*, *l'État* ont acquis » toutes nos sympathies, et que vous aiderez, par tous les » moyens, à l'extension de leur publicité ;

» Que vous invitez tous les comités du département de la » Gironde et des autres départemens à appuyer ces journaux » de toute leur influence. »

M. le Président : La proposition est-elle appuyée ? (Oui ! oui !)

M. Joret : Messieurs, il y a un journal qui, depuis quelques jours, a publié des articles fort importans sur la question vinicole. Je crois qu'on doit le désigner également aux sympathies de l'assemblée. (Assentiment général.)

M. Garnier : Je m'explique très-bien maintenant les dissentimens qui ont pu exister entre les membres du bureau et la résolution qui a été prise dans la réunion d'hier au soir. C'est que, Messieurs, la question est grave et délicate. Je m'explique comment on pouvait craindre que des hommes qui doivent placer au premier rang, et au-dessus de tous les autres les intérêts généraux et politiques du pays, ne pussent prendre, aussi ouvertement, l'engagement de mettre leur plume à notre disposition. Permettez-moi d'expliquer ma pensée.

Je comprends, dis-je, toutes les suceptibilités soulevées à cet égard, parce qu'il est des choses qu'on peut faire sans les avouer par le moyen de la publicité ; du reste, nous avons tous nos sympathies ; à qui nous adresserons-nous ? au *Globe* seulement ou à d'autres journaux ? Sans les signaler d'avantage, nous nous empresserions tous de les soutenir, cependant l'indication est faite et j'y prête le premier la main, le premier j'élèverai mon bras, pour soutenir la propo-

---

1. « *Le journal l'État*, que le Comité central avait recommandé » aux propriétaires de vignes, ayant cessé de paraître, ceux d'en-» tr'eux qui s'y seraient abonnés, peuvent se regarder comme affran-» chis complètement de toute espèce d'engagement. »

(Extrait du procès-verbal de la séance du 29 novembre 1843.)

sition qui vous est soumise. J'ai été heureux hier d'entendre à cette tribune, des paroles qui arriveront au cœur de tous ; j'entendais parler de pères de famille qui sont dans la souffrance et le besoin, et comme le disait un honorable député, de ces pauvres ouvriers, de ces malheureux habitans des chaumières. Il faut, Messieurs, faire cesser tant de souffrances ; ne négligeons rien pour arriver à ce but sacré. La presse centrale est un de ces moyens, un des plus puissans ; c'est elle qui indiquera nos plaies, qui les étalera tous les jours aux yeux du pouvoir et du pays tout entier. Mais nous avons besoin de donner aussi toutes nos sympathies à la presse départementale ; car, Messieurs, la presse départementale, aussi bien que la presse centrale peut servir utilement nos intérêts ; placés au milieu de nos souffrances, au milieu de ces chaumières, où le besoin fait gémir tant de malheureux, si sa voix peut s'élever, comment ne lui accorderiez-vous pas les moyens de faire connaître ces souffrances dont elle peut parler avec plus de conviction et de chaleur que tout autre. Il faut aussi récompenser le zèle des journaux d'arrondissement qui, malheureusement pour nous, ne sont pas politiques, mais qu'on pourrait aider à le devenir, et qui alors seraient peut-être très-utiles à la cause vinicole ; car, Messieurs, les journaux d'arrondissement pourraient seuls, par leur bon marché, entrer dans la maison du pauvre comme dans celle du riche, et y faire pénétrer la légitimité de nos réclamations, la bonté de notre cause.

— Je demande donc que le bureau cherche les moyens d'aider la presse de département et d'arrondissement pour que, lors de l'élection de députés, elle puisse faire connaître ceux qui comprennent nos intérêts et sont dignes de les représenter. (Très-bien)!

M. Granier de Cassagnac : Je viens ici, pour relever un mot, un seul mot, le mot d'argent ; je ne le prends pas pour moi, je suis au-dessus d'insinuations pareilles ; mais je dois aux amis qui concourent avec moi à la rédaction du *Globe*, de relever des expressions de nature à blesser leur légitime susceptibilité.

— Lorsque, il y a trois ans, quelques amis et moi, nous fondâmes le *Globe*, vos Comités n'existaient pas encore ; et cependant, sans en être sollicité par vous, je pris la défense de vos intérêts. J'agis ainsi parce que, homme du Midi moi-même, je me trouvais satisfaire à la fois mes affections et mes convictions. Ce que j'ai fait jusqu'à ce jour je le ferai encore ; et quelle que soit la résolution que vous allez prendre, le *Globe* ne changera pas plus que je ne changerai moi-même. J'apporterai toujours à la défense de votre cause, qui est la mienne, la petite force de mon intelligence et le grand dévoûment de mon cœur. (Très-bien).

On a cru pouvoir, tout-à-l'heure, pressentir les causes du léger dissentiment qui a éclaté dans votre bureau ; je n'irai pas aussi loin dans mes suppositions. Si les causes de ce dissentiment sont politiques..... (Non ! non !) Messieurs, j'ai dit que je n'irai pas aussi loin que d'autres dans mes suppositions, et par conséquent, je n'affirme rien ; mais s'il y avait parmi vous des dissentimens politiques, le *Globe* ne s'y arrêtera pas ; dévoué à la défense de vos intérêts, il ne s'arrêtera pas à la différence de vos drapeaux. Il ne regardera pas à vos opinions, mais à vos besoins ; et il leur restera fidèle. (Applaudissemens).

M. Bretenet : Je ne puis pas entrer dans la discussion particulière de ce que nous devons faire à l'égard de tel ou tel journal, mais je maintiens ma motion telle que je l'ai faite ; ce n'est pas non plus une exclusion pour l'avenir que je dirige contre d'autres journaux. Quant à moi, dès que j'aurai reconnu que les autres journaux de Paris nous ont sincèrement dévoués, ce jour là aussi je viendrai proposer à l'assemblée d'étendre autant que possible le rayon de leur publicité.

M. Gout-Desmartres : Je vois avec plaisir que beaucoup se proposent de demander ou demandent pour leur journal. Certes, j'appuie avec M. Bretenet les trois journaux dont on vient de vous parler, parce que ce sont ceux qui ont défendu avec le plus de dévoûment la question vinicole ; mais, puisqu'il y a d'autres journaux qui paraissent vouloir défendre aussi nos intérêts, je ne vois pas pourquoi on ne leur en tiendrait pas compte. Je demande donc qu'on ajoute à la proposition qui vous est soumise les mots suivants : « Et les autres « journaux qui défendent la cause vinicole. »

M. de Coursous dit qu'il faut d'autant moins exclure les autres journaux qui n'ont pas encore défendu la cause vinicole, que nous-mêmes ne nous sommes occupés de cette question que l'année dernière.

M. Lemercier, député : Messieurs, il faut empêcher que les journaux qui ne sont pas pour nous soient contre nous ; il faut donc dire que « tous les journaux qui appuieront la question vinicole, auront toutes nos sympathies. »

Plusieurs voix : Ne faisons pas de désignation.

M. Bretenet : Messieurs, les propositions qui viennent de vous être présentées ne s'éloignent pas tellement de la mienne qu'il ne soit possible de les concilier. Il m'avait paru que trois journaux avaient habituellement pris la défense de nos intérêts d'une manière constante, claire, et énergique à la fois. Je disais donc que c'était pour nous un besoin du cœur, un acte de reconnaissance, en même temps qu'une acte d'habileté bien entendue, de leur témoigner toutes nos sympathies. Maintenant que ces sympathies soient exclusives, telle n'a pas été ma pensée ; si vous voulez accorder des témoignages d'estime à d'autres journaux, je ne m'y oppose pas ; ainsi en admettant les modifications qui me semblent résulter des explications données, je propose la rédaction suivante :

Je demande à l'assemblée de déclarer que ces sympathies sont acquises, etc.

M. Gout-Desmartres : On veut témoigner au *Globe*, au *Courrier-Français*, à *l'Etat* des sympathies, et cependant on ne veut exclure aucun des journaux qui ont parlé sur la question vinicole. Je propose à l'assemblée de voter des remerciemens au *Globe*, au *Courrier-Français* et à *l'Etat*, parce que ce sont les sentinelles avancées parmi les journaux qui ont livré bataille pour nous ; et je propose aux sympathies des propriétaires de vignes tous les journaux qui ont défendu ou qui défendront nos intérêts.

M. Foissac, délégué du Lot : Cette discussion si délicate, qui dure et s'embarrasse de plus en plus, prouve qu'il est certains détails qui ne peuvent pas être traités dans une assemblée publique, et qu'il est plus prudent de réserver pour les examiner à fond dans le sein d'une assemblée administrative. Voici un amendement que je propose.

« L'assemblée vote des remerciemens à tous les journaux de Paris et des départemens qui ont défendu l'intérêt vinicole, et recommande aux propriétaires de vignes d'en favoriser la publicité par tous les moyens qui sont en leur pouvoir. »

M. Gout-Desmartres déclare se rallier à cet amendement.

M. le Président donne lecture de la proposition de M. Bretenet amendée par M. Foissac. Elle est adoptée.

M. Cabarrus, à la tribune, fait la lecture d'un rapport sur la nécessité de créer des Comités vinicoles dans chaque commune.

MESSIEURS,

Depuis cinquante ans plusieurs révolutions ont passé sur la France. Faites en haine du privilége et au nom de la liberté, elles avaient pour but d'assurer à tous l'égalité devant la loi. Ainsi, les Français, appelés tous à contribuer aux charges publiques en proportion de leurs revenus, devaient, en échange, recevoir tous du pouvoir une protection égale pour leur personne, leur liberté et leur fortune. En est-il ainsi ?

Messieurs, nous n'avons à traiter ici aucune question politique. Cependant, réunis dans le but de nous occuper des intérêts vinicoles, il serait peut-être de notre devoir de rechercher quelle influence peut exercer sur la situation de cette industrie, le mode actuel d'élection.

Sous une forme de Gouvernement instituée dans le but de permettre à tous les grands intérêts du pays de se faire représenter et défendre dans le sanctuaire des lois, la position exceptionnellement désastreuse faite à l'industrie vinicole, industrie à laquelle se rattache l'existence de plus de 6 millions d'individus, cette position si fâcheuse et depuis si longtems signalée au pouvoir et aux Chambres, n'indique-t-elle pas jusqu'à l'évidence que le grand intérêt vinicole n'est aussi faiblement défendu que parce qu'il est insuffisamment représenté ? D'où cela vient-il ?

Messieurs, cette recherche nous conduirait à la nécessité d'entrer dans l'examen de questions politiques dont il n'est peut-être pas convenable de faire aujourd'hui l'objet d'une discussion.

Il existe encore des moyens de donner à l'industrie vinicole l'influence qui lui appartient, sans qu'il soit nécessaire de réclamer des mesures qui touchent à l'ordre constitutionnel.

S'il en était autrement, s'il ne se présentait devant nous aucune autre issue pour sortir de la position fatale qui nous est faite, vous nous verriez ici, au nom de nos droits méconnus, réclamer et discuter avec vous des modifications qui deviendraient alors notre seul espoir, notre seule planche de salut.

Mais tant que les voies légales nous resteront ouvertes, nous devons nous y maintenir et les suivre, nous les parcourrons jusqu'au bout. Nous ne donnerons pas à nos adversaires une arme dont ils ne manqueraient pas de se servir. Déjà ils n'ont pas craint de nous signaler comme des perturbateurs du repos public, des révolutionnaires. Il faut que tout le monde sache que, plus qu'eux, nous voulons le repos, car plus qu'eux nous en avons besoin; et qu'en fait de révolutions, nous ne demandons que la stricte exécution des promesses que les révolutions passées nous ont faites.

En vertu de l'article 1er du pacte fondamental, tous les Français sont égaux devant la loi. Pourquoi donc, lorsque certaines industries obtiennent du pouvoir, jusqu'à volonté sur leur première demande, et souvent contrairement aux intérêts généraux, non-seulement la justice qui leur est due, non-seulement la protection, mais des faveurs même; pourquoi l'industrie vinicole n'a-t-elle pu obtenir, après tant de souffrances, de plaintes, de réclamations, non pas des faveurs, elles ne sont pas faites pour elle, non pas la protection, elle ne la demandait pas, mais le droit d'exister en toute liberté ?

Vous pouvez répondre à cette question, Messieurs, vous savez tous que la force des industriels du Nord est dans leur union et que notre isolement fait notre faiblesse.

Vous connaissez donc déjà quel doit être notre premier, notre plus sûr moyen de succès. Il est pour nous, en effet, dans une union générale de tous les intéressés dans la question vinicole; il est dans l'institution d'un grand nombre de Comités qui, de tous les points de notre sol, élevant en même tems leurs voix, feraient enfin comprendre au pouvoir, par la généralité, l'unanimité de leurs plaintes, toute l'étendue du mal et la nécessité d'un grand et prompt remède.

Ainsi, la première mesure que doit adopter l'Union vinicole est d'établir, dans tous les chefs-lieux des départemens où cette industrie existe, un Comité central, comme celui de la Gironde; ceux-ci devront provoquer ensuite, et dans le plus bref délai, la création de semblables Comités dans tous les chefs-lieux d'arrondissement, de canton et dans les communes de leur département.

Par ce moyen, l'Union vinicole, étendant partout ses racines, acquerra la force et la puissance que la seule justice de leurs droits n'a pu donner jusqu'ici aux propriétaires de vignes; des relations entretenues avec suite entre tous les Comités rendront plus générales et plus énergiques les mesures qu'il deviendra nécessaire d'adopter suivant les circonstances.

Chaque Comité central devra désigner un ou plusieurs délégués qui, réunis à Paris, seront chargés de s'entendre, d'unir leurs efforts, d'agir auprès du Gouvernement et des Chambres et de lutter de zèle avec les députés.

A la Chambre des députés, nos représentans ne sont pas aussi nombreux qu'ils devraient l'être relativement à l'importance de nos intérêts. L'Union vinicole devra nécessairement exercer sur les élections une influence salutaire, et d'autant plus heureuse et légitime, que tous les gouvernemens savent fort bien que la propriété vinicole ne pouvant prospérer dans le désordre, les députés chargés de la représenter, quelqu'énergiques qu'ils puissent être dans la défense des intérêts qui leur sont confiés, se poseront toujours aussi comme les représentans et les défenseurs de l'ordre et du repos public.

L'Union vinicole bien comprise est appelée, Messieurs, à rendre un grand service à la France. Le pouvoir, s'appuyant sur elle, pourra échapper à la tutelle, ou plutôt à l'oppression que font peser sur lui les industries de quelques départemens, dont l'influence a cependant été si souvent funeste à la fortune et à la grandeur de notre patrie.

N'est-ce pas, en effet, à cette fatale influence que le pouvoir a dû céder, lorsqu'il s'est vu contraint de renoncer à ses projets d'union avec la Belgique ? Pour la seule satisfaction des fabricans du Nord, il a fallu sacrifier les intérêts commerciaux, agricoles et politiques, le présent et peut-être l'avenir de la France.

Messieurs, lorsqu'une industrie comme la nôtre ne demande pour tout bienfait que la faculté de s'exercer sans entraves; lorsque, victime d'une protection qui enrichit ses adversaires, elle renonce à réclamer pour elle cette protection qui lui est due cependant à de plus justes titres, ne voulant que la liberté pour elle et pour tous; quand une industrie tient un pareil langage sans être écoutée, comme il n'est pas naturel qu'un Gouvernement, quel qu'il soit, prépare l'injustice à l'équité et veuille sacrifier l'intérêt des masses à celui de quelques privilégiés; comme aucun Gouvernement ne peut vouloir le mal pour le plaisir de le faire, il est évident que le pouvoir, en France, n'est pas libre dans son action.

Intimidé par la puissance de l'aristocratie industrielle du Nord, il n'a pu trouver en nous jusqu'ici un appui assez fort pour défendre sa liberté et nos droits, pour résister aux exigences de nos adversaires.

En nous unissant, Messieurs, et sans rien sacrifier de nos convictions politiques, nous lui prêterons cet appui et nous lui donnerons, dans l'intérêt de la France comme dans le nôtre, la force dont il a besoin pour s'exercer librement.

Ainsi, nous obtiendrons les réparations qui nous sont dues, et il nous restera la gloire d'avoir su défendre nos intérêts, en n'invoquant d'autres secours que celui des lois, de la justice, du bon droit et de la liberté.

Nous conclurons, Messieurs, en vous soumettant la proposition suivante, sur laquelle vous êtes appelés à voter :

» Dans l'intérêt de l'industrie vinicole, toutes les commu» nes intéressées à la culture de la vigne sont invitées à or» ganiser des Comités vinicoles ».

M. Foissac propose un amendement pour que, au lieu de *toutes les communes*, on dise *tous les arrondissemens*. Un autre membre propose un terme moyen et demande qu'on dise *tous les cantons*.

M. le Président met aux voix la proposition de M. Cabarrus. Elle est adoptée.

M. Vastapani a la parole pour lire un rapport sur la formation des banques territoriales.

MESSIEURS,

Au nombre des questions d'économie politique qui réclament l'attention et les méditations de cette assemblée, une des plus importantes, sans contredit, et des plus fécondes en grands résultats est celle relative à la création d'un système de crédit approprié à la richesse immobilière.

Suivant des données, dont l'exactitude n'est pas contestée, la propriété territoriale de la France a une valeur de 45 milliards.

Son revenu est évalué à 1,800 millions, en calculant le produit des terres à 4 p. %.

Sur ce revenu, la propriété paie à l'Etat, sous le nom de contributions directes ou indirectes, plus de 500 millions.

Elle est tenue ensuite de servir 650 millions d'intérêt à sa dette hypothécaire, qui s'élève à 13 milliards.

100 millions sont absorbés par les frais d'actes et honoraires de toute espèce que la propriété paie aux notaires et aux agens d'affaires.

Il faut ajouter à cela les charges communales, puis les sinistres, les réparations des bâtimens et, pardessus tout, les intérêts d'une dette chirographaire considérable et très-souvent usuraire, et on restera convaincu que tous les revenus de la propriété réunis même aux ressources qu'elle se procure par le travail sont insuffisans, que ses charges sont insupportables, que partout la dette tend tous les ans à s'accroître.

Cette vérité, Messieurs, est surtout applicable aux vignobles. — Atteints plus que toute autre culture par l'impôt direct, nos produits sont, en outre, par une injuste exception, le point de mire de taxes, d'entraves et de rigueurs sans nombre, toutes les fois qu'ils cherchent des consommateurs dans l'intérieur du royaume, et ils sont repoussés par les nations étrangères en représaille de notre système douanier.

Cet état de choses ne peut plus durer. L'intérêt de la propriété, celui du trésor même, exige un remède prompt et salutaire.

Deux voies sont ouvertes:

Ou diminuer les charges qui pèsent sur la propriété, ou augmenter ses revenus.

On arrivera au premier résultat en changeant l'assiette de l'impôt et en favorisant la propriété immobilière à l'égal de la propriété mobilière.

Libre, dégagée dans sa forme et ses mouvemens, celle-ci (les produits vinicoles seuls exceptés) passe de main en main sans être assujettie à des formalités, sans payer de droits. — La propriété immobilière, au contraire, à chaque pas, à chaque mouvement rencontre des obstacles, des charges et se trouve assujettie à des droits innombrables bien au-dessus de ses forces.

Aussi la propriété immobilière, sur 10 paie 7, et la propriété mobilière 3 seulement.

Comment s'étonner, dès-lors, de l'infériorité de la première à l'égard de la seconde!

Ce désastreux résultat est plus apparent encore si nous jetons un regard sur la propriété vinicole poursuivie, traquée, persécutée par la législation draconienne que vous connaissez.

L'équilibre devrait donc être rétabli entre ces deux branches de la richesse nationale; et comme, conséquence forcée, le droit commun devrait être appliqué aux produits de la vigne.

La seconde voie ouverte à la propriété immobilière pour supporter les charges qui pèsent sur elle, c'est l'augmentation de ses revenus.

Les impôts par eux-mêmes ne sont ni faibles, ni exagérés; ils ne le deviennent que par relation avec les revenus. — Ainsi, que le Gouvernement, sur un revenu de 10 prenne 1, personne ne se plaindra ; mais que sur ce même revenu il prenne 5, c'est-à-dire la moitié, des réclamations s'élèveront de toutes parts. — Si cependant par des mesures de sage administration ce revenu de 10 est porté à 20, le contribuable paiera 5 sans murmurer. Pourquoi?... parce qu'au lieu d'avoir 9, il aura 15, c'est-à-dire 6 de plus qu'au moment où l'impôt était de 1 seulement.

Ce n'est donc pas la quotité des impôts qui doit effrayer le contribuable ; il ne doit se préoccuper que de la question de savoir s'ils sont en rapport avec ses revenus. — Augmenter ses produits, tel sera le but de son active vigilance s'il veut rendre légères les charges qui pèsent sur lui.

Il est de notoriété publique parmi les économistes et les agronomes français, que la propriété territoriale, en France, ne produit pas tout ce qu'elle peut produire : loin de là. — La faiblesse de la production et du rendement, eu égard à l'étendue du territoire et à la population du royaume, est un fait d'une déplorable authenticité. Les travaux remarquables qu'un de nos honorables compatriotes, M. G^{te} D., fait insérer depuis quelques jours dans le *Mémorial Bordelais,* nous fournissent des notions extrêmement curieuses sur ce point, et nous font connaître notamment l'infériorité manifeste de notre agriculture comparée à celle de l'Allemagne et de l'Angleterre. Les mêmes travaux démontrent combien la France méridionale est loin encore de la France du nord pour les productions et pour le rendement.

Je ne veux pas rechercher dans ce moment les causes de cette infériorité, j'aurais trop à dire si j'entreprenais une pareille tâche...

Quoi qu'il en soit et quelles que soient les entraves antiéconomiques que l'agriculture rencontre, principalement la culture méridionale, il convient, pour remédier aux maux dont elle souffre, d'étendre, d'améliorer nos cultures, et d'augmenter la production du sol.

Pour arriver à ce résultat, et comme pierre angulaire de l'edifice nouveau, il faut faire affluer vers l'agriculture les capitaux dont elle manqne, organiser, en un mot, le crédit territorial.

Ne nous le dissimulons pas, Messieurs, ce problème est grave et difficile. Il fait, depuis quelques années surtout, le sujet d'études approfondies et de théories plus ou moins habiles et hardies.— D'accord quant à l'utilité et à l'urgence d'opposer au mal un remède salutaire, les économistes se divisent lorsqu'il s'agit de discuter le fond et la forme des moyens proposés, d'en déterminer l'application et d'en apprécier les résultats.

Ne perdons pas courage toutefois; par cela seul que plusieurs solutions se présentent, l'organisation que nous sollicitons est possible. Cela nous suffit. C'est au Gouvernement à faire le reste.

Nous allons nous expliquer:

Est-ce une utopie que de prétendre faire participer le crédit foncier aux avantages du crédit public et de le relever de l'état d'infériorité où il se trouve placé à l'égard du crédit commercial?... Nous ne le pensons pas.

Sur quoi se base le crédit?

Sur les garanties d'un remboursement intégral du capital et du service exact des intérêts.

Or, de bonne foi, le sol ne présente-t-il pas le gage le plus certain et le plus solide de ce remboursement et de ce service?

L'État, les départemens, les communes ne donnent que des garanties morales; le crédit de l'État n'est même basé que sur la sécurité qu'il fournit du paiement de la rente, et le capital de la créance reste en butte aux éventualités de la guerre et des tourmentes révolutionnaires.

Parlerai-je du crédit commercial....... sur quoi repose-t-il souvent?...

Les désastres dont les places de commerce sont témoins à des intervalles assez rapprochés répondent suffisamment à cette question.

Pourquoi le crédit foncier ne marcherait-il donc pas de pair avec le crédit public? pourquoi ne laisserait-il pas bien derrière lui le crédit commercial?

Les transactions foncières reposent toujours sur des garanties *matérielles* qui manquent au crédit de l'État et surtout au crédit commercial.

Pourquoi dès-lors la défaveur dont elles sont environnées?

Par deux motifs:

1º Parce que le système hypothécaire qui nous régit est défectueux;

2º Parce que les recouvremens des créances immobilières ne se font pas aussi commodément et aussi exactement que les engagemens de l'État.

La sécurité du prêt doit reposer sur le bilan exact de chaque immeuble.

Or, cette sécurité n'existe pas dans notre législation, — par suite des hypothèques légales non inscrites, — par le défaut d'inscription des charges qui diminuent la valeur de l'immeuble, telles que servitudes, usufruit, droits d'usage et d'habitation, baux, antichrèses, etc., etc., — par l'absence notamment d'une formalité extérieure destinée à faire connaître au prêteur la nature du lien qui unit l'emprunteur et la chose sur laquelle ce dernier confère des droits.

Tous les bons esprits sont d'accord sur ce point, que notre code hypothécaire devrait subir de notables réformes.

Ces réformes accomplies, il sera plus facile de ramener les capitaux vers le sol et d'ouvrir de nouvelles voies de richesse à l'agriculture.

Cependant, il ne faut pas s'abuser; ces résultats ne deviendront certains et durables que par l'organisation d'un système de crédit spécial, positif, régulier, qui permette à la propriété d'utiliser ses ressources et de les faire servir à ce mouvement immense des affaires qui, en améliorant le présent, prépare l'avenir des états.

Comment se fera cette organisation ?

Est-ce au moyen des associations territoriales comme en Allemagne et en Pologne ?

Des compagnies seront-elles chargées de cette administration financière ?

Ou bien, l'Etat doit-il se mettre à la tête de cette grande amélioration sociale ?

Voici le mécanisme des associations allemandes et polonaises:

Les propriétaires fonciers se réunissent et s'obligent, en conséquence d'un emprunt contracté par chacun d'eux, dans une proportion déterminée avec la valeur des immeubles possédés, à verser les intérêts dans une caisse commune, sous la direction de membres choisis à cet effet.

Ces directeurs sont munis de pouvoirs suffisans pour assurer la rentrée exacte, et par suite le service régulier des intérêts. — La sécurité devenant ainsi entière, des obligations transmissibles par voie d'endossement sont émises, donnant droit à un intérêt semestriel et au remboursement du capital au bout d'un certain tems déterminé ou par voie de tirage au sort. — Les intérêts, dans ces sociétés, ne dépassent pas 4 pour cent par an.

Dans plusieurs de ces associations territoriales, un supplément d'intérêt est servi tous les semestres ou tous les ans par le débiteur pour opérer l'amortissement de la créance ; par ce moyen, le débiteur finit par se libérer sans gêne et sans efforts, d'autant plus que le remboursement intégral n'a lieu qu'au bout de trente, quarante et cinquante ans, et quelquefois après un plus long terme. L'éloge de ces associations est dans ce fait qu'elles ont passé par les plus rudes épreuves, telles que guerres et révolutions, sans voir leur crédit ébranlé.

L'initiative d'une pareille institution doit-elle appartenir au Gouvernement? — La grandeur du but semblerait,
aux yeux de plusieurs, devoir le convier à une si vaste et si
salutaire entreprise, surtout à cause de la complication des
moyens à mettre en œuvre.

L'abondance du numéraire qui se trouve dans ses caisses,
la facilité qu'il a de faire rentrer ses créances par la voie de
ses percepteurs, donnent à l'État des facilités incontestables pour arriver au résultat que nous signalons.

La première mise des banques territoriales ne pourrait-
elle pas être fournie par les caisses d'épargnes? Ne serait-il
pas avantageux pour le trésor d'ouvrir un écoulement au
trop-plein de ces caisses d'épargnes, trop-plein qui le gêne
et qui lui prépare de graves soucis et de grandes difficultés
pour l'avenir? — Lorsque les bons royaux se négocient à
2 1/2 pour cent, est-il d'une sage administration que l'État
paie aux caisses d'épargnes des intérêts à 4 pour cent? —
Avec l'essor heureux que prennent ces caisses, dont le capital, au moment où nous parlons, est de 350 millions, et
qui, avec quelques années de calme et de paix, peut s'élever à 7 ou 800 millions, à 1 milliard peut-être, est-il politique de grever le trésor du service d'intérêts considérables? Est-il politique, d'un autre côté, de retirer des voies
habituelles de la circulation une masse aussi énorme de
numéraire?

Au lieu d'entasser ces trésors à la caisse des consigna-
tions, sans but, sans utilité, avec danger même, ne serait-il
pas convenable de les verser dans des banques territoriales,
qui paieraient l'intérêt dû aux caisses d'épargnes? Les déposans des caisses d'épargnes n'auraient-ils point par ce moyen
une garantie de plus pour leur argent? La garantie de l'Etat
et le sol qui ne périt jamais?...

Et qu'on ne s'effraie pas de l'idée d'un remboursement
simultané... Outre qu'il est facile de se prémunir contre un

pareil embarras par la création de titres au *maximum* de 1,000 fr., exigibles dans les dix jours, comme cela se pratique aujourd'hui, et de titres supérieurs à cette somme qui ne seraient exigibles que dans trois ou six mois, suivant leur importance, nous pensons que plus les tems seront mauvais et plus les déposans seront contens de voir immobilisé leur pécule, et de le savoir à l'abri des tourmentes de la patrie.

Ces mêmes avantages, nous pourrions les rencontrer au sein des compagnies, dans le cas où l'Etat ne croirait pas convenable de prendre lui-même la direction d'un si grand mouvement.

Mais, dans ce cas, il pourrait, il devrait, si les fonds des caisses d'épargnes servaient surtout d'aliment à la fondation de ces entreprises, avoir la haute main et une surveillance sévère et active sur leur gestion, et ne pas repousser, au besoin, une responsabilité qui tournerait, en définitive, à son avantage, soit à cause des placemens qu'il pourrait faire, soit par les droits d'enregistrement et de timbre qu'il pourrait exiger.

Dans tous les cas, la mobilisation des créances et un maximum d'intérêt de 5 pour cent, tous frais quelconques compris, seraient la base de la nouvelle institution.

Nous n'avons pas la prétention d'approfondir aujourd'hui cette vaste matière. Nous devons nous borner, et c'est le vœu du Comité dont je suis l'organe, à solliciter du Gouvernement la création de banques territoriales, soit sous sa direction suprême, soit sous les auspices des compagnies ou des associations des propriétaires, notre pensée étant que de semblables institutions, coordonnées avec la réforme du régime hypothécaire, contribueraient puissamment à la richesse particulière et nationale, et notamment à l'amélioration de l'industrie vinicole que nous représentons.

Ce rapport est écouté avec intérêt, et ses conclusions en sont adoptées sans discussion.

M. de la Myre-Mory lit, sous sa responsabilité privée, le rapport suivant sur une proposition relative à l'impôt.

MESSIEURS,

Dans cette grave et mémorable session de trois jours, vous avez débattu avec toute la chaleur et toute la lucidité que l'on pouvait attendre de votre réunion imposante les questions administratives et même gouvernementales de la solution desquelles dépend, dans un avenir plus ou moins éloigné, le sort de vos fortunes et la vie de vos familles.

Une grande partie de votre tâche se trouve noblement remplie ; mais, souffrez que je vous le dise, il vous reste encore bien à faire.

Vous avez sagement préparé l'avenir : ramenez, je vous le demande, vos regards sur le présent, et hâtez-vous d'étayer l'édifice qui va crouler sous vos pieds.

Vous l'avez dit depuis long-temps dans vos nombreuses et successives réclamations, le mal est arrivé à tel point que le paiement de l'impôt devient impossible.

Ce qui était vrai il y a quelques années, ne l'est-il donc plus aujourd'hui ?

Messieurs, de belles paroles ont été prononcées dans cette enceinte en faveur des classes souffrantes, des classes pauvres.

Ne craignons pas de le déclarer ici, au milieu de nos frères en souffrance, moins malheureux que nous jusqu'à ce jour, en présence de quelques-uns de nos juges qui, en reprenant leur place au tribunal entre les mains duquel se trouve notre vie ou notre mort, pourront rendre témoignage à leurs collègues de ce qu'ils ont vu, ce de qu'ils ont entendu au milieu de nous. Savez-vous quels sont les premiers pauvres ici ? c'est la plupart d'entre vous.

Et quand je réclame pour nous un ordre de priorité parmi les pauvres, ce n'est pas sans intention que je le fais, Messieurs.

C'est que derrière nous marche la population presque entière du pays, qui jusqu'à présent a partagé avec nous un pain acheté depuis long-temps déjà des deniers de nos capitaux, et dont tout-à-l'heure ceux-ci épuisés ne pourront plus acquitter le prix.

Ainsi, notre cause, c'est celle de la population laborieuse, de cette précieuse population qui arrose journellement de sa sueur notre sol devenu ingrat aujourdhui, non par l'action de cette Providence, dont nous avons même à bénir les rigueurs, mais par le fait des hommes, par un déni de justice de la part des pouvoirs de l'État.

J'entre dans les détails de la situation. Une assemblée nombreuse de délégués des communes qui produisent le vin blanc a précédé cette cession. Dix-sept communes se sont trouvées représentées à Langon, et là, en famille, on s'est rendu compte de la position, on a déposé son bilan.

Le voici, Messieurs :

Plusieurs récoltes restent encore invendues dans les celliers des propriétaires. Le commerce a fait des offres pour la récolte dernière, et bien vite les malheureux propriétaires ont été obligés d'accepter des ventes onéreuses. Comme je l'ai dit devant vous il y a deux jours, un peu d'argent est passé par leurs mains pour arriver bien vite dans celles de leurs nombreux créanciers. Voici des chiffres, Messieurs ; ce que je raconte a besoin de preuves.

Deux hectares dix ares de vignes blanches, produisant, terme moyen, trente-quatre hectolitres vingt litres, ou quinze barriques, coûtent en frais de culture et de récolte 835 fr.

Ce produit vendu au commerce, sur la place de Bordeaux, après un premier soutirage, à raison de 280 fr. le tonneau, donne un résultat de 840 fr.

Ce qui présente un revenu net par tonneau, soit 9 hectolitres 22 litres, de 1 fr. 20 c., UN PEU PLUS DE 3 FR. 60 C. DE

REVENU PAR HECTARE, l'hectare payant environ 15 fr. d'impôt foncier seulement.

Et ce qui donnerait, pour une propriété récoltant cent tonneaux, un revenu net de 220 fr., alors que cette propriété représentait naguère un capital de 200,000 fr.

Il faut observer que les premiers crûs de Barsac, Preignac et Sauterne n'ont obtenu tout récemment, après deux soutirages, que le prix de 225 fr.

Ainsi, toutes les ventes effectuées présentent une perte au minimum de cinquante-quatre francs par tonneau, non compris l'intérêt du capital.

Messieurs, en présence d'une pareille situation, que faire, que demander ? Elle ne nous laisse pas le choix des moyens; nous n'avons qu'à le déclarer : sans revenus depuis long-temps, il est impossible à ceux qui ne possèdent que des vignes de payer l'impôt, à ceux qui possèdent autre chose de payer avant d'avoir vendu leurs récoltes.

Messieurs, ce n'est pas une déclaration étrange que nous venons vous proposer aujourd'hui.

Vous le savez, sous l'Empire, dans une position moins profondément désastreuse que celle d'aujourd'hui, il fut reconnu que la propriété vignoble de la Gironde avait besoin de secours, et deux millions lui furent prêtés.

Mais remontons encore plus haut.

En 1767, après la guerre, en présence d'une gelée qui avait détruit l'espérance des récoltes, voici la supplique que le parlement de Bordeaux présentait au roi :

AU ROI:

« SIRE,

» Quelque attendrissant que soit pour votre cœur paternel le tableau de la misère de vos peuples, il est du devoir de votre parlement de le présenter aux pieds de votre trône, et de solliciter de votre justice des secours proportionnés à leurs besoins.

» Les vins forment le principal revenu de cette province; de leur exportation facilitée ou suspendue dépend l'aisance ou la ruine des propriétaires. La culture des vignes exige des avances très-considérables, et la vente des vins, toujours incertaine, est nécessairement liée à l'état du commerce.

» Que de pertes immenses n'a pas éprouvées ce commerce dans la dernière guerre! Et malgré la gêne, la contrainte et l'appauvrissement de vos sujets, que d'efforts patriotiques n'ont-ils pas fait pour acquitter les subsides? Votre parlement, Sire ne peut vous dissimuler que le retour de la paix n'en a pas ramené les douceurs. Le commerce de cette capitale est encore sans activité. Plusieurs vaisseaux sont dans ce port exposés en vente. Leur retour, depuis plusieurs années, ne rapporte aux armateurs qu'un état de leurs pertes. Les constructions ont cessé; les débouchés ne sont plus les mêmes; les colonies qui nous restent sont livrées à la cupidité des étrangers; les denrées ne se vendent plus, ou le prix qu'on en retire ne dédommage pas des frais : cependant les impôts sont excessifs, et vos peuples sont épuisés.

» L'intempérie des saisons dans cette province aggrave encore la calamité publique.

» Tous les fruits de la terre ont été successivement détruits ou altérés. L'hiver de 1776 peut être comparé, par ses effets, à celui de 1709. La moitié des vignes a été arrachée. Par une suite naturelle du dépérissement du commerce, la disette des vins n'a pu même en procurer la vente, et, pour surcroît de malheur, les gelées viennent d'enlever les espérances de la récolte prochaine.

» Votre parlement, Sire, trahirait ses devoirs les plus sacrés, s'il n'avait l'honneur de vous attester l'impuissance où sont vos peuples d'acquitter les impositions. Une perception forcée fera couler des larmes, fera gémir vos sujets. Elle ne contraindra jamais leur cœur, Sire; ils sont tous dévoués à Votre Majesté; mais vos sujets ne sauraient vaincre une impuissance réelle. Il est de la fidélité de votre parlement de vous la faire connaître, et de solliciter de la sensibité et de la bienfaisance de votre cœur royal une diminution d'impôts relative à leur situation.

» Nous sommes, avec la plus parfaite soumission et le plus profond respect, de Votre Majesté, Sire,

Les très-humbles, très-fidèles et très-obéissans serviteurs et sujets, les gens tenant votre cour de parlement,

» Signé Féger.

» Bordeaux, en parlement, le 1er juillet 1767. »

Messieurs, où est aujourd'hui le parlement qui doit se rendre l'organe de nos souffrances et de nos déclarations? Il est dans la chambre des députés, dans la Chambre des pairs.

J'adjure MM. les membres de la Chambre des pairs, et MM. les membres de la Chambre des députés présens dans cette enceinte, et devant lesquels nous venons de déposer le bilan de la fortune du pays, d'appuyer de tout leur pouvoir et de leur voix, dans la session prochaine, la proposition que j'ai l'honneur de vous soumettre.

« L'assemblée décide qu'une pétition sera rédigée en son
» nom par le Comité central de la Gironde, et adressée à MM.
» les ministres de l'intérieur et des finances, pour demander
» un sursis au paiement de l'impôt jusqu'à la vente de la
» récolte passée, pour les contribuables du département de
» la Gironde dont les propriétés ne sont pas exclusivement
» vignicoles, et un sursis indéfini pour ceux qui ne possèdent
» que des vignes. »

M. Dézeimeris promet d'appuyer ces conclusions. Elles sont adoptées par l'assemblée.

M. Sabès, au nom de la commission des finances, lit le rapport suivant:

Messieurs,

Les propositions qui vous ont été faites ont reçu votre assentiment ; les paroles habiles et énergiques que vous avez entendues ont, à juste titre, excité votre émotion, vos sympathies ; vous nous avez démontré que vous désiriez que vos graves et nombreux travaux eussent un résultat ; vous le leur procurerez en adoptant la dernière proposition qui vous est faite au nom du Comité. Pour vous l'exposer avec certitude de réussir, il faudrait du talent ; pour l'essayer, il fallait du zèle ; c'est lui seul que j'ai invoqué. Veuillez le soutenir quelques instans par votre bienveillante attention.

L'article 2 de l'acte qui vous organise admet à la défense des intérêts vinicoles tous ceux qui voudront adhérer aux vues et contribuer à l'œuvre de l'Union ; il existe plusieurs modes, plusieurs moyens, plusieurs manières de contribuer ; le rapport dont vous avez entendu la lecture, vous a fait connaître, que soit par leur capacité naturelle ou due à l'étude et au travail, soit par leurs efforts et leur dévoûment, des membres de l'Union, et de toutes parts, avaient fourni les plus puissans, les plus dignes, les plus véritables élémens de succès. Il en est un cependant qu'il est indispensable de rappeler à votre souvenir et que chacun de vous s'empressera de mettre à la disposition du Comité central dans l'intérêt de tous, parce que chacun de vous en reconnaît la justice et la nécessité ; vous avez compris, Messieurs, qu'il s'agit d'une part contributive de deniers, toujours facultative, toujours volontaire et tout-à-fait en rapport avec la fâcheuse position des propriétaires de vignes.

Quelques difficultés se sont élevées sur la fixation d'un chiffre contributif, sur la perception efficace de la somme fixée. Après de longues discussions votre commission n'a pas hésité à réclamer votre assentiment à l'avis auquel elle s'est arrêtée ; elle a pensé qu'elle seule, étant à même d'apprécier les dépenses à faire et étant munie des renseignemens et des documens qui lui proviennent des Comités communaux, pouvait déterminer avec justice la somme que chaque commune aurait à fournir, non pas comme débitrice, encore moins comme imposée, mais comme si cette commune l'avait spontanément offerte. Pour qu'un pouvoir de répartition soit accordé, il suffira de redire les prévisions de votre acte d'organisation : l'article 10, en attribuant au Comité central l'administration supérieure et locale, lui a virtuellement conféré l'administration de vos finances ; vous adoucirez ce qu'a de pénible et de difficile cette partie des travaux de votre Comité en donnant votre approbation à la résolution que j'ai l'honneur de vous proposer en son nom.

« Le Comité central fixera, à titre de répartition, la somme
» annuelle pour laquelle chaque commune de la Gironde
» sera invitée à contribuer aux dépenses modérées et inévi-
» tables que nécessite l'accomplissement de l'œuvre vinicole,
» et ce, au moyen d'une liste de souscription remise à chacun
» de Messieurs les délégués des communes. »

Les conclusions de ce rapport sont mises aux voix et adoptées à l'unanimité.

M. le Président : Messieurs, votre ordre du jour sera épuisé quand vous aurez désigné, pour l'année prochaine, le lieu de nos réunions.

M. Tachouzin : Messieurs, on nous demande en quelle ville nous voulons nous réunir l'année prochaine. Je me fais l'interprète des délégués du département du Gers ; nous sommes si bien accueillis ici, le Comité central de la Gironde a si bien préparé les travaux, que nous désirons que le siège de nos assemblées soit toujours à Bordeaux.

M. Hubert-Delisle : Messieurs, je viens vous faire la proposition de porter ailleurs le siège de vos réunions. Nous ne pouvons pas nous dissimuler que lorsqu'une assemblée comme la nôtre se réunit quelque part, les idées qui en sortent rayonnent sur toutes les contrées voisines ; ces assemblées ont donc une heureuse influence sur le pays où elles se tiennent ; c'est pourquoi je propose de ne jamais les tenir dans le même endroit ; il faut les porter précisément là où il y a besoin de faire pénétrer nos idées. (Non, à Bordeaux ! à Bordeaux !) Je propose pour lieu de réunion, la ville de Montpellier.

Cette proposition n'étant pas appuyée, M. le Président met aux voix la proposition de M. Tachousin, d'indiquer la ville de Bordeaux pour le lieu de la réunion de l'année prochaine.

Adopté à l'unanimité.

M. le Président : Les journaux fixeront à l'avance, l'époque de la réunion.

M. Hovyn demande qu'en fixant l'époque de la réunion, on indique aussi à l'avance les matières qui seront soumises à la discussion

Cette demande est appuyée, et M. le Président annonce qu'il y sera fait droit.

M. Tachousin et d'autres délégués étrangers expriment, au nom de leurs collègues, à M. le Président ainsi qu'aux membres du Comité central de la Gironde, toute leur satisfaction pour la manière élevée et approfondie avec laquelle les questions à l'ordre du jour ont été traitées.

M. le Président : Votre bureau me charge de vous remercier, Messieurs, du témoignage de sympathie que vous venez de lui exprimer ; il compte sur votre concours pour l'appuyer dans l'œuvre qu'il a entreprise et qu'il espère mener à bonne fin ; il me charge également de remercier les honorables pairs de France et députés qui ont bien voulu appuyer par leur présence et leur parole les travaux auxquels nous les avions conviés. (Applaudissemens nombreux).

M. le Président déclare la session vinicole terminée.

L'assemblée se sépare lentement.